高等教育"十三五"规划教材 —— 机械工程

机械设计实验指导

主 编 尹怀仙 王正超 张艳平

西南交通大学出版社
·成都·

图书在版编目（CIP）数据

机械设计实验指导 / 尹怀仙，王正超，张艳平主编
. —成都：西南交通大学出版社，2018.7
高等教育"十三五"规划教材. 机械工程
ISBN 978-7-5643-6282-9

Ⅰ. ①机… Ⅱ. ①尹… ②王… ③张… Ⅲ. ①机械设
计－实验－高等学校－教材 Ⅳ. ①TH122-33

中国版本图书馆 CIP 数据核字（2018）第 153058 号

高等教育"十三五"规划教材 ——机械工程
机械设计实验指导

责任编辑／李　伟

主　　编／尹怀仙　王正超　张艳平　　　　特邀编辑／傅莉萍

封面设计／何东琳设计工作室

西南交通大学出版社出版发行

（四川省成都市二环路北一段 111 号西南交通大学创新大厦 21 楼　　610031）
发行部电话：028-87600564　028-87600533
网址：http://www.xnjdcbs.com
印刷：成都蓉军广告印务有限责任公司

成品尺寸　185 mm×260 mm
印张　6.75　　字数　148 千
版次　2018 年 7 月第 1 版　　印次　2018 年 7 月第 1 次

书号　ISBN 978-7-5643-6282-9
定价　22.00 元

前　言

高等学校的实验室是进行教学和科研的重要基地，是积累科学优势的基础。没有实验手段就不可能出科研成果，就没有科学的进步和发展，任何新知识、新科技、新发明、新成果都离不开实验。实验教程坚持实验教学与理论教学相结合，实验教学与科学研究相结合，以提高实验教学的质量。实验可以培养学生的动手能力、设计能力、创新能力、分析问题和解决问题的能力。随着高校不断深化教学改革，全面推进素质教育，各高校根据自身科研能力和科研设施，把培养学生的实践能力、创新能力作为突破口，不断进行深层次的改革；同时，不断向前发展的社会各行各业对大学生的综合素质也有更新、更高的要求，要求大学毕业生具有厚基础、宽口径、强能力和高素质。因此，机电专业对实践教学环节的改革重点确定为强化应用，突出实践创新。

本书是根据"机械设计"教学大纲要求，紧密结合机械设计实验教学并结合我校的实际情况编写的，同时覆盖教学大纲的实验项目，满足机械类学生实验教学的需求。作为机械类一门重要的实践课程教材，本书注重基本实验、提高型实验、研究创新型三种不同类型实验的编写，实验过程由浅到深，由简到繁，使学生能系统地掌握本课程的理论与实践知识。本书精选了 7 个相对独立的实验项目，同时考虑与理论课内容体系的呼应，每个实验项目既对实验所需的理论知识点进行了提炼，也介绍了实验方法及相关设备，主要包括实验目的、实验设备、实验步骤、思考题和实验报告等内容。

本书由尹怀仙、王正超、张艳平担任主编。本书主要内容由青岛大学机电工程学院实验老师尹怀仙编写，其中本书涉及的应用计算机实验步骤，如第 3 章 3.6 的 B 型实验台、第 4 章 4.6 的 ZCS-Ⅱ型实验台系统和第 6 章 6.6 的连接微机实验步骤由青岛财经职业学校计算机老师王正超编写，另外，青岛大学机电工程学院张艳平老师负责全书的修订工作。在本书的编写修订以及文字校对过程中，得到了薛文、江启宾、朱磊、李玉浩、任军的协助，在此表示感谢！

本书可作为高等工科学校机械类专业的实验教材，也可供非机类专业学生参考使用。由于编者水平有限，书中难免存在疏漏和不足之处，恳切希望广大读者批评指正。

编　者

2018 年 4 月

目　录

1 绪 论

1.1 机械设计实验课程的意义

实践教学是高校机械电子工程专业不可或缺的重要教学环节，它在培养学生创新思维和实践动手能力方面具有重要意义。机械类专业的毕业生应初步具备产品设计、制造和工程管理的能力，这种能力的培养与实践教学密不可分。实践教学工作是高等学校教育教学工作的重要组成部分，也是培养大学生创新精神和实践能力的关键环节。近年来，随着我国经济和科技的迅速发展，社会对机械类专业学生的创新能力和工程实践能力的培养提出了更高要求。但目前我国高校机械类专业的实践教学工作不管是在教育理念、教学形式，还是在师资力量、基础设施建设等方面都还存在不少问题。特别是对地方高校而言，由于办学历史较短、教育资源短缺、区域经济发展不平衡等原因，学校对实践教育经费的投入相对有限，优秀师资队伍引进困难，基础设施建设更是严重滞后，这些都严重制约了我国地方高校工程教育水平和机械类专业人才培养质量的提高。

在目前全国推进中国特色知识创新体系建设和开展工程教育专业认证的时代背景下，如何有效地提高地方高校机械类专业实践教学水平，提升高素质应用型人才的培养质量成为地方高校面临的重要课题。目前，大多数的地方高校机械类专业的培养目标定位为培养具有扎实基础理论和较强实践能力的高素质应用型人才。而高素质应用型人才的培养，必须依靠学校的实践教学体系为支撑。加强对实践教学工作的重视，增强实践教学的意识，是切实提高地方高校实践教学工作质量的前提。

1.2 机械设计实验课程的目标和内容

实验教程坚持实验教学与理论教学相结合、实验教学与科学研究相结合，以提高实验教学的质量。机械设计是机械类专业的一门基础课程，而实验课又是与其相配套的极为重要的实践环节。本教程注重基本实验、提高型实验和创新型实验三种不同类型的实验项目的融合，以适应当前社会新知识、新技术快速发展的需要。

本书紧密结合机械设计实验教学，全面培养学生的科学作风、实验技能以及综合分析问题、发现问题和解决问题的能力。通过实验教学，巩固课程所要求的基本理论知识，加强实践认识，提高实践能力。为体现课程的系统性、实践性和工程性，以"认知、演示、验证实验为基础，以综合创新实验为主线"，设置验证性、综合性、创新性的实验内容，通过"基本技术能力学习—工程实践能力提高—创新实践精神训练"，逐步实现由理论到实践的过渡，以达到巩固专业基础知识的目的，培养学生综合设计及工程实践能力，激发学生的创新意识。

本教材精选了 7 个相对独立的实验项目，系统地考虑了与理论课内容体系的呼应，兼顾基础性、提高性和创新性实验，能够满足机械类及近机械类专业学生的需要。

1.3　如何学好本课程

本课程是在理论基础上的实践性环节，学生首先必须做好实验准备，了解实验须知，做好理论知识铺垫，掌握实验原理，注意观察实验过程的具体细节。

为了保证实验顺利进行，要求学生在实验前做好准备工作，教师在实验前要进行检查和提问，如发现有不合格者，提出批评，甚至停止实验的进行。实验准备工作包括下列几方面内容：

（1）预习好实验指导书：明确实验的目的及要求；掌握实验的原理；了解实验进行的步骤及注意事项，做到心中有底。

（2）准备好实验指导书中规定自带的工具、纸张。

（3）准备好实验数据记录表格。表格应记录些什么数据自拟。

在实验中，学生必须多动手，多提问，多回答，提高口头表达能力。实验后，学生要根据实验报告中设计的内容要点，书面描述相关内容。通过撰写报告，一方面提高书面表达能力；另一方面加深对实验和结果的理解。

此外，对于每一实验后的若干思考题，应在实验中或课后完成。

2 机械设计认知实验

2.1 概　述

在生产和生活中，我们可以看到各种各样的机械产品，如汽车、机床等，尽管这些机械产品的构造、用途和性能千差万别，但一般都是由原动机、传动装置、工作机和控制装置四部分组成的。原动机是机械设备工作的动力来源，电动机是最常用的一种原动机。工作机是直接完成预期功能的执行装置。传动装置则是将原动机的运动或动力传递给工作机的装置，大多是机械传动。机械设计这门课程着重研究机械传动装置。从制造和装配方面分析，任何机械产品都是由许多机械零件组成的。机械零件是机械制造过程中单独加工的单元体，而机械部件则是机械制造过程中为完成同一目的而由若干协同工作的零件组合在一起的组合体。在各类机械产品中经常用到的零件称为通用零件，如螺栓、齿轮、轴等；而只有在特定类型的机械中才能用到的零部件称为专用零部件，如内燃机中的曲轴等。通过本实验，可以对这些机械零部件的机构类型、工作原理、应用场合建立起总体认识。

2.2 相关理论知识点

2.2.1 机械传动

传动装置作为将动力机的运动和动力传递或变换到工作机的中间环节，是大多数机器不可缺少的主要组成部分。

常用的机械传动类型有带传动、齿轮传动、蜗杆传动、链传动、螺旋传动和摩擦轮传动等。

1. 带传动

带传动是在两个或多个带轮间用带作为挠性拉拽元件的传动，工作时借助带与带轮间的摩擦力或啮合来传递运动或动力。带传动一般由主动带轮、从动带轮和传动带轮组成。

根据工作原理不同，带传动可分为摩擦带传动和啮合带传动。

根据带的截面形状不同，摩擦带传动可分为平带传动、V 带传动、圆带传动和多楔带传动等。

平带传动结构简单，传动效率较高，带轮也容易制造，在传动中心距较大的场合应用较多；V带传动是应用最广的带传动，在同样的张紧力下，V带传动较平带传动能产生更大的摩擦力；圆带传动的牵引能力较小，常用于仪器及低速、轻载、小功率的机器中；多楔带传动兼有平带和V带传动的优点，工作接触面数多、摩擦力大、柔韧性好，用于结构紧凑而传递功率较大的场合。

摩擦带传动具有结构简单、运转平稳、无冲击和噪声、缓冲吸振、过载保护、不能保持准确的传动比（存在弹性滑动）、效率较低、压轴力较大、制造安装方便、成本低、适用于远距离传动等特点。

摩擦带传动的主要失效形式是带的磨损、疲劳破坏和打滑。

啮合带传动依靠带的凸齿与带轮外缘上齿槽的啮合，传递运动和动力。同步带传动属于啮合带传动。同步带传动有梯形齿和圆弧齿两类，其兼有带传动和齿轮传动的优点，传动效率高、吸振、传动比准确，在汽车、机电工业中应用广泛。

2. 齿轮传动

齿轮传动是靠主动轮与从动轮轮齿之间的相互啮合来传动的，具有适用范围广、瞬时传动比准确、结构紧凑、传动效率高、可传递任意两轴间的运动和动力、工作可靠、寿命长、制造费用较高、不适用于中心距大的场合等特点，是机械传动中应用最广泛的一种传动形式。

用于平行轴的齿轮传动类型有外啮合直齿圆柱齿轮传动、外啮合斜齿圆柱齿轮传动、外啮合人字齿圆柱齿轮传动、齿轮齿条传动、内啮合圆柱齿轮传动。

用于相交轴的齿轮传动类型有直齿锥齿轮传动、斜齿锥齿轮传动、曲齿锥齿轮传动。

用于交错轴的齿轮传动类型有交错轴斜齿轮传动、准双曲面齿轮传动。

齿轮传动的失效形式：轮齿折断、齿面接触疲劳磨损（齿面点蚀）、齿面胶合、齿面磨粒磨损、齿面塑性流动等。

齿轮的常用材料及其热处理方式：制造齿轮最常用的材料是钢（锻钢、铸钢等），钢的品种很多，且可通过各种热处理方式获得适合工作要求的综合性能；其次是铸铁、有色金属及非金属材料（尼龙塑料等）。常用的热处理方法有整体淬火、表面淬火、渗碳淬火、氮化处理及正火和调质等。

3. 蜗杆传动

蜗杆传动用于传递交错轴之间的运动和动力，通常两轴在空间是相互垂直的。传动中一般常以蜗杆为主动件。蜗杆传动具有结构紧凑、质量轻、噪声小、工作平稳（兼有斜齿轮与螺旋传动的优点）、冲击振动小、传动比大且准确、可以实现自锁、滑动速度较大、效率较低、制造成本较高、加工较困难等特点，广泛应用在机床、汽车、仪器、起重运输机械、冶金机械以及其他机械制造部门中。

根据蜗杆形状的不同，蜗杆传动可分为圆柱蜗杆传动、环面蜗杆传动和锥蜗杆传动三类。

圆柱蜗杆又可分为阿基米德蜗杆（ZA 型）、渐开线蜗杆（ZI 型）、法向直廓蜗杆（ZN 型）等多种类型。

蜗杆传动的失效形式：齿面接触疲劳磨损（齿面点蚀）、齿面胶合、齿面磨粒磨损、轮齿折断等。在一般情况下，蜗轮的强度较弱，失效主要发生在蜗轮上。又由于蜗杆与蜗轮之间的相对滑动速度较大，更容易产生胶合和磨损。

蜗杆传动的常用材料及其热处理方式：制造蜗杆的常用材料为碳钢和合金钢，热处理方式首选淬火或调质（缺少磨削设备时）。制造蜗轮（齿冠部分）的常用材料为铸锡青铜、铸铝青铜、铸铝黄铜及灰铸铁和球墨铸铁等。

4. 链传动

链传动是在两个或多个链轮之间用链条作为挠性拉拽元件的一种啮合传动，工作时靠链条与链轮齿的啮合来传递运动或动力。链传动一般由主动链轮、从动链轮和传动链组成。链传动具有工作可靠、传动效率高、适用于远距离传动、运动平稳性较差（多边形效应）、振动和噪声较大等特点，广泛应用于农业、采矿、冶金、起重、运输、化工以及其他机械动力传动中。

根据工作性质不同，链可分为传动链、起重链和拽引链 3 种。传动链按结构不同分为滚子链、套筒链、齿形链、成型链等类型，主要用作一般机械传动；起重链和拽引链分别用于起重机械和运输机械。

链传动的主要失效形式是链条元件的疲劳破坏、铰链磨损、胶合、冲击破坏、过载拉断和链轮轮齿磨损等。

5. 螺旋传动

螺旋传动主要用来实现变回转运动为直线运动，同时传递能量或力，也可用以调整零件的相互位置。螺旋传动由螺杆（或称螺旋）、螺母和机架组成。

螺旋传动按螺纹副的摩擦情况分为滑动螺旋、滚动螺旋和静压螺旋；按其用途分为传力螺旋传动、传导螺旋传动和调整螺旋传动 3 种类型。传力螺旋传动以传递力为主，可用较小的力矩转动产生轴向运动和大的轴向力；传导螺旋传动以传递运动为主，要求有较高的传动精度，可在较长时间内连续、高速工作；调整螺旋传动主要用于调整或固定零部件间的相对位置，一般不经常转动。

6. 摩擦轮传动

摩擦轮传动是由两个或多个相互压紧的摩擦轮组成的一种摩擦传动，工作时靠摩擦轮间的摩擦力来传递运动或动力。摩擦轮传动一般由主动摩擦轮、从动摩擦轮和机架组成。

摩擦轮传动按照摩擦轮形状不同分为圆柱摩擦轮传动、圆锥摩擦轮传动和平盘摩擦轮传动。圆柱摩擦轮传动又有圆柱平摩擦轮传动和圆柱槽摩擦轮传动之分。

摩擦轮传动具有制造简单、运转平稳、无冲击和噪声、能无级变速及过载保护、不能保持准确的传动比（存在弹性滑动、几何滑动）、效率较低、压轴力较大、必须采用压紧装置等特点。

2.2.2　轴系零部件

轴主要用于支承做回转运动的零件，传递运动和动力，同时又受轴承支承，是机械中必不可少的重要零件。

根据所受的载荷不同，轴可分为转轴（同时承受弯矩和转矩）、心轴（只承受弯矩，不传递转矩）和传动轴（主要承受转矩，不承受或只承受较小弯矩）三类。

根据轴线形状的不同，轴还可分为直轴、曲轴和软轴。直轴应用最广，它包括外径相同的光轴和各段直径变化的阶梯轴。

轴承是支承轴颈的部件，有时也用来支承轴上的回转零件。根据轴承工作时的摩擦性质，轴承可分为滑动轴承和滚动轴承两类。

1. 滑动轴承

滑动轴承工作时的摩擦性质为滑动摩擦，组成其摩擦副的运动形式为相对滑动，因此摩擦、磨损就成为滑动轴承中的主要问题。为了减小摩擦、减轻磨损，通常应采用润滑手段。根据润滑情况，滑动轴承分为完全润滑（液体摩擦）轴承和非完全润滑（非液体摩擦）轴承两大类。滑动轴承的结构主要有整体式、剖分式和调位式等。

轴瓦是滑动轴承中直接与轴颈接触的零件，其工作表面既是承载面又是摩擦面，是滑动轴承的核心零件。轴承衬是为改善轴瓦表面的摩擦性质和节省贵金属而在其内表面上浇注的减摩材料。

轴瓦的主要失效形式是磨损和胶合，此外还有疲劳破坏、腐蚀等。

轴瓦和轴承衬的材料统称为轴承材料。常用的轴承材料有：轴承合金（巴氏合金）、青铜、多孔质金属、铸铁、塑料等。

2. 滚动轴承

滚动轴承工作时的摩擦性质为滚动摩擦，具有摩擦阻力较小、启动灵活、效率高、组合简单、运转精度较高、润滑和密封方便、易于互换、使用及维护方便等优点，在中速、中载和在一般工作条件下运转的机械中应用广泛。

滚动轴承是标准件，其通常由外圈、内圈、滚动体和保持架构成。滚动体是滚动轴承的核心元件，其主要类型有球、圆柱滚子、圆锥滚子、球面滚子和滚针等。

滚动轴承的主要失效形式是点蚀、塑性变形和磨损，此外还有电腐蚀、锈蚀、元件破裂等。

2.2.3　连接及连接件

机械是由各种不同的零件按一定的方式连接而成的。根据使用、结构、制造、装配、维修和运输等方面的要求，组成机器的各零件之间采用了各种不同的连接方式。

机械连接按照机械工作时被连接件间的运动关系，分为动连接和静连接两大类。被连接件间能按一定运动形式做相对运动的连接称为动连接，如花键、螺旋传动等；

被连接件间相互固定、不能做相对运动的连接称为静连接，如螺纹连接、普通平键连接等。

按照连接件拆开的情况不同，连接分为可拆连接和不可拆连接。允许多次装拆无损于使用性能的连接称为可拆连接，如螺纹连接、键连接和销连接等；必须破坏连接中的某一部分才能拆开的连接称为不可拆连接，如焊接、铆接和黏结等。

按照传递载荷的工作原理不同，连接又可分为力闭合（摩擦）、形闭合（非摩擦）和材料锁合等连接形式。力闭合（摩擦）连接靠连接中配合面间的作用力（摩擦力）来传递载荷，如受拉螺栓、过盈连接等；形闭合（非摩擦）连接通过连接中零件的几何形状的相互嵌合来传递载荷，如平键连接等；材料锁合连接利用附加材料分子间的作用来传递载荷，如黏结、焊接等。

1. 螺纹连接

螺纹连接是利用螺纹零件构成的一种应用极为广泛的可拆连接。

根据螺纹牙的形状，螺纹可分为矩形、梯形、三角形和锯齿形等。

根据螺旋线的绕行方向，螺纹可分为左旋螺纹和右旋螺纹两种。在机械中，一般采用右旋螺纹。

根据螺旋线的数目，螺纹又可分为单线螺纹和多线螺纹。单线螺纹常用于连接，多线螺纹常用于传动。

根据螺纹分布的位置，螺纹可分为外螺纹和内螺纹。内、外螺纹旋合组成的运动副称为螺纹（螺旋）副。

螺纹（螺旋）副的效率为

$$\eta = \frac{\tan \lambda}{\tan(\lambda + \rho_v)} \tag{2.1}$$

式中，λ 为螺纹升角；ρ_v 为当量摩擦角。

螺纹（螺旋）副的自锁条件为 $\lambda \leqslant \rho_v$。

螺纹连接件多为标准件，常用的有螺栓、双头螺柱、螺钉和紧定螺钉等。

螺纹连接的防松措施按防松原理分为摩擦防松、机械防松、黏合防松和破坏螺纹副关系防松等方式。

2. 键连接

键连接由键、轴与轮毂所组成，主要用来实现轴与轴上零件（如齿轮、联轴器等）之间的周向固定，以传递转矩；其中，有些键连接还能实现轴向固定，以传递轴向载荷；有些则能构成轴向动连接。

键连接是标准件，其主要类型有平键、半圆键、楔键和切向键等几大类。

3. 花键连接

花键连接是由周向均布多个键齿的花键轴和具有相应键齿槽的轮毂孔相配合而组成的可拆连接。花键连接为多齿工作，工作面为齿侧面，其承载能力高，对中性和导向性能好，对轴和毂的强度削弱小，适用于载荷较大、对中性要求较高的静连接和动连接。

花键连接按其齿的形状不同，常用的有矩形花键和渐开线花键两种。两者均已标准化。

4. 销连接

销连接主要用作装配定位，也可用作连接（传递不大的载荷）、防松以及安全装置中的过载剪断元件。

常用的销连接类型有圆柱销、圆锥销、销轴、带孔销、开口销和安全销等，其均已标准化。

2.2.4　联轴器与离合器

联轴器是连接两轴使之一起回转并传递转矩的部件，其特点是只有在机器停机后用拆卸的方法才能实现两轴分离。

联轴器的类型较多，部分已标准化。联轴器按内部是否包含弹性元件可分为刚性联轴器和弹性联轴器；按被连接两轴的相对位置及其变动情况又可分为固定式联轴器和可移式联轴器。

常用的刚性固定式联轴器有凸缘联轴器、套筒联轴器、夹壳联轴器等；常用的刚性可移式联轴器有牙嵌联轴器、齿式联轴器、滚子链联轴器、滑块联轴器和万向联轴器等。

常用的弹性联轴器有弹性套柱销联轴器、弹性柱销联轴器、弹性柱销齿式联轴器、梅花形弹性联轴器、轮胎式联轴器、蛇形弹簧联轴器、簧片联轴器和弹簧联轴器等。

离合器是实现两轴的连接并传递运动及转矩的部件，其特点是在机器运转中可根据需要随时将两轴分离或结合。

离合器的类型较多，根据离合方法不同可分为操纵离合器和自动离合器两大类；根据操纵方法不同又可分为机械操纵离合器、液压操纵离合器、气压操纵离合器和电磁操纵离合器；根据离合件的工作原理又可分为嵌合式离合器和摩擦式离合器。

常用的操纵离合器有牙嵌式离合器、齿式离合器、销式离合器、圆盘摩擦离合器、圆锥摩擦离合器和磁粉离合器等。

常用的自动离合器有安全离合器、离心离合器以及超越离合器等。

2.3　实验目的

（1）了解各种常用零件的结构、类型、特点及应用。
（2）了解各种典型机械的工作原理、特点、功能及应用。
（3）了解机器的组成，增强对各种零部件的结构及机器的感性认识。
（4）培养学生对机械装置的运动特点、结构分析的能力。

2.4 实验设备

配有同步讲解的"机械设计语音多功能控制陈列柜"。该陈列柜系统展示机械连接、机械传动、轴系及其他部件实物或模型的基本类型、结构形式和设计知识，并借助计算机控制技术系统形象地展示和解说机械设计的基本内容。本陈列柜共分 13 个柜，每个柜详细内容如表 2.1 所示。

表 2.1　机械设计语音多功能控制陈列柜内容

序　号	陈列柜内容
第 1 柜 机器的组成特征	单缸内燃机、颚式破碎机、缝纫机、运动副（5 件）
第 2 柜 平面连杆机构	五杆铰链机构、曲柄滑块机构、铰链四杆机构、大筛机构、曲柄摇杆机构的极位夹角、搅拌机、惯性筛机构、机车车辆机构、鹤式起重机、转动导杆机构、曲柄摇块机构、曲柄移动导杆机构、双转块机构、双滑块机构、有急回特性的机构、夹紧机构
第 3 柜 凸轮机构	内燃机配气机构、靠模车削机构、自动送料机构、分度转位机构、力锁合凸轮（靠重力、弹簧力）、形锁合凸轮（沟槽凸轮、等宽凸轮、共轭凸轮）
第 4 柜 间歇运动机构	双向棘轮机构、棘轮机构、钩头双动式棘爪、直头双动式棘爪、槽轮机构、空间槽轮机构、六角车床上的槽轮机构、外啮合不完全齿轮机构、内啮合不完全齿轮机构、凸轮式间歇运动机构
第 5 柜 带传动	同步带传动、平行带张紧轮装置、V 带轮张紧装置、V 带轮张紧装置滑道式、V 带轮张紧装置摆架式、V 带轮自动张紧装置、圆形带张紧轮装置、V 带轮的结构（4 种）
第 6 柜 链传动	链传动、齿形链、双排滚子链、滚子链、滚子链接头形式（3 件）、链轮结构、链传动的张紧（2 件）
第 7 柜 齿轮的传动	内齿圈传动、齿轮齿条传动、圆锥齿轮传动、双曲线圆锥齿轮传动、斜齿圆锥齿轮传动、螺旋齿轮传动、斜齿轮齿条传动、蜗轮蜗杆传动、弧面蜗轮蜗杆传动、正齿轮传动、斜齿轮传动、人字齿轮传动
第 8 柜 齿轮的基本性质	齿轮各部分名称和符号、渐开线的形成、正确啮合条件、轮齿折断、齿面点蚀、齿面胶合、齿面磨损、渐开线曲面形成、斜齿条的压力角、斜齿圆柱齿轮的受力分析、圆锥齿轮的受力分析、齿轮轴、实体式齿轮、腹板式圆锥齿轮、铸造轮辐式圆柱齿轮、仿形切制齿轮、展成法切制齿轮
第 9 柜 齿轮系	定轴齿轮系（a，b）、平面行星齿轮系（a，b）、空间行星齿轮系、可变向的齿轮系、汽车后桥差速器、摆线针轮传动机构、谐波齿轮传动、减速器、行星减速器中的齿轮系
第 10 柜 其他常用 零件、部件	套筒联轴器、凸缘联轴器、多片式摩擦离合器、齿轮联轴器、弹性套柱销联轴器、弹性柱销联轴器、双万向联轴器、牙嵌式安全离合器、滚柱式超越离合器、板弹簧

序　号	陈列柜内容
第 11 柜 螺纹连接和螺旋 传动	螺纹的牙型（三角、矩形、梯形、锯齿形）、螺纹的旋向（左旋、右旋）、螺纹的线数和螺距及导程、螺栓连接、双头螺栓连接、螺钉连接、紧定螺钉连接、常用标准螺纹连接件（六角头螺栓、螺柱、螺钉、紧定螺钉、六角螺母、圆螺母、垫圈）、弹簧垫圈、对顶螺母、尼龙圈锁紧螺母、槽形螺母和开口销、圆螺母用带翘垫片、止动垫片、冲点法防松、黏合法防松、永久防松、串联钢丝、减载装置（用减载销、用减载套筒、用减载键）、螺栓承受偏心载荷、凸台沉头座的应用、斜面垫圈的应用、受横向载荷的螺栓组连接、改善螺纹牙间载荷分布（a）、螺母下装弹性元件、金属垫片和密封环密封、螺旋千斤顶、机床刀架进给机构、插管式外循环滚动螺旋、柔性螺栓、受横向载荷的螺栓组连接
第 12 柜 轴和轴毂连接	传动轴、光轴、阶梯轴、空心轴、曲轴、圆螺母定位、挠性钢丝轴、弹性挡圈固定、紧定螺钉固定、压板轴端固定、平键连接、导向平键连接、滑键连接、楔键连接、切向键连接、半圆键连接、花键连接
第 13 柜 轴承	滚动体的种类、调心球轴承、调心滚子轴承、圆锥滚子轴承、推力球轴承、深沟球轴承、角接触球轴承、圆柱滚子轴承、轴承的直径系列、内圈轴向固定的常用方法（4 种）、外圈轴向锁紧方法（8 种）、全固定式支承、固游式支承、整体式径向滑动轴承、部分式径向滑动轴承、油孔、油沟

2.5　实验步骤

（1）按照机械设计陈列柜所展示的零部件顺序，由浅入深、由简单到复杂进行参观认知，听取讲解员的简要讲解。

（2）边听取讲解，边仔细观察和讨论各种机械零部件的结构、类型、特点及应用范围。

注意事项：实验过程中以观察和思考为主，只允许移动实验台上的机构模型，不要动手拨动陈列柜中的机械零部件。

2.6　思考题

（1）机械设计课程的研究对象是什么？

（2）举例说明什么是通用零件和专用零件。

（3）举例说明机械零件按用途所分的类型。

2.7　实验报告

机械设计认知实验报告

学生姓名		学　号		组　别	
实验日期		成　绩		指导教师	

1. 写出实验中所观察的机构的名称

2. 思考题答案

3. 心得体会

3 带传动实验

3.1 概　述

在机械传动系统中，经常采用带传动来传递运动和动力。靠摩擦力传递动力或运动的摩擦型带传动（如平带），由于中间元件传动带所具有的挠性，使带传动在工作中产生紧边拉力与松边拉力。由于紧边和松边的拉力不同，造成带的紧边和松边的拉伸变形不同，因而不可避免地会产生带的弹性滑动。由于弹性滑动的影响，从动轮的圆周速度低于主动轮的圆周速度。滑动率的大小与发生弹性滑动的强弱有关，也就是与工作载荷要求的有效圆周力有关。当工作载荷要求的有效圆周力超过带与带轮间的摩擦力极限值时，带开始在轮面上打滑，滑动率值急剧上升，带传动失效。带传动工作时，由于弹性滑动的影响，造成带的摩擦发热和带的磨损，也使传动效率降低。

该实验装置配置的计算机软件，在输入实测主、从动带轮的转数后，通过数模计算做出带传动运动模拟，可清楚观察带传动的弹性滑动和打滑现象。

3.2　相关理论知识点

主动带轮、从动带轮、挠性带和机架组成带传动，带传动工作时依靠张紧在带轮上的传动带与带轮间的摩擦力来传递运动与动力。

3.2.1　带传动的主要类型和特点

按传动带的截面形状可分为以下几种：

1. 平　带

平带的截面形状为矩形，内表面为工作面。常用的平带有胶带、编织带和强力锦纶带等。

2. V　带

V带的截面形状为梯形，两侧面为工作表面。传动时，V带与轮槽两侧面接触，在同样压紧力的作用下，V带的摩擦力比平带大，传递功率也较大，且结构紧凑。

3. 多楔带

它是在平带基体上由多根 V 带组成的传动带。多楔带结构紧凑，可传递很大的功率。

4. 圆形带

横截面为圆形，只适用于小功率传动。

5. 同步带

带的截面为齿形。同步带传动是靠传动带与带轮上的齿互相啮合来传递运动和动力，除保持了摩擦带传动的优点外，还具有传递功率大、传动比准确等优点，多用于要求传动平稳、传动精度较高的场合。

带传动的优点：有过载保护作用；有缓冲吸振作用；运行平稳无噪声；适用于远距离传动；制造、安装精度要求不高。

带传动的缺点：有弹性滑动，使传动比 i 不恒定；张紧力较大（与啮合传动相比）、轴上压力较大；结构尺寸较大、不紧凑；打滑，使带寿命较短；带与带轮间会产生摩擦放电现象，不适宜高温、易燃、易爆的场合。

3.2.2　带传动的张紧与维护

1. 带的张紧方法

带的张紧方法有：定期张紧法、加张紧轮法。

张紧轮位置：松边常用内侧靠大轮，外侧靠小轮。

2. 带的维护

安装时不能硬撬（应先缩小轮距 a 或顺势盘上）；带禁止与矿物油、酸、碱等介质接触，以免腐蚀带，且不能曝晒；不能新旧带混用（多根带时），以免载荷分布不匀；加装防护罩；定期张紧；安装时两轮槽应对准，处于同一平面。

3.2.3　带传动的受力分析

初拉力 F_0：带静止时带轮两边带中承受的拉力。

紧边拉力 F_1：带传动工作时在摩擦力的作用下绕入主动轮一边的带被拉紧，拉力由 F_0 增大到 F_1，F_1 称为紧边拉力。

松边拉力 F_2：绕出主动轮一端的带被放松，拉力由 F_0 减小为 F_2，F_2 称为松边拉力，如图 3.1 所示。

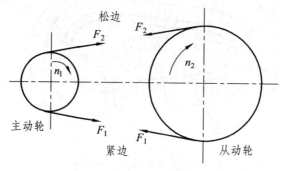

图 3.1　带传动的工作原理图

有效圆周力（有效拉力）为

$$F_e = F_1 - F_2 \tag{3.1}$$

注意：带传动摩擦力的总和与有效圆周力永远保持相等。其有效拉力由工作机的阻力所确定，而摩擦力由带传动本身的因素决定，与带传动的弹性滑动有关。

有效圆周力的欧拉公式为

$$\frac{F_1}{F_2} = e^{f\alpha}$$

$$F_e = 2F_0 \frac{e^{f\alpha} - 1}{e^{f\alpha} + 1} \tag{3.2}$$

由上式可知，带所传递的圆周力 F_e 与下列因素有关：

1. 初拉力 F_0

初拉力 F_0 越大，有效拉力 F_e 就越大，所以安装带时，要保持一定的初拉力。但 F_0 过大，会加大带的磨损，致使带过快松弛，缩短其工作寿命。

2. 摩擦因数 f

摩擦因数 f 越大，摩擦力也越大，所能传递的圆周力 F_e 就越大。V 带的 $f_v = f/\sin20° \approx 3f$，所以传递能力高于平带。

3. 包角 α

F_e 随包角 α 的增大而增大。增大包角会使整个接触弧上的摩擦力的总和增加，从而提高传动能力。水平装置的带传动通常将松边放置在上边，以增大包角。由于大带轮的包角大于小带轮的包角，打滑会首先在小带轮上发生，所以只需考虑小带轮的包角 α_1，一般要求 $\alpha_1 \geq 120°$。

3.2.4 带传动的应力分析

带传动的应力分析如图 3.2 所示。

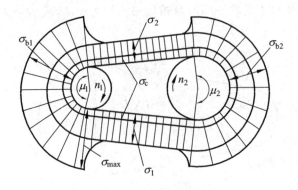

图 3.2 带传动的应力分布图

1. 拉应力

紧边 F_1 产生的应力为

$$\sigma_1 = \frac{F_1}{A} \tag{3.3}$$

松边 F_2 产生的应力为

$$\sigma_2 = \frac{F_2}{A} \tag{3.4}$$

2. 离心拉应力

$$\sigma_c = \frac{qv^2}{A} \tag{3.5}$$

式中　q —— 单位长度的质量，kg/m。

注意：高速传动时宜采用轻质带，以利于减小离心拉应力。

3. 弯曲应力

$$\sigma_b = \frac{Eh}{d_d} \tag{3.6}$$

4. 最大拉应力

$$\sigma_{max} = \sigma_1 + \sigma_c + \sigma_{b1} \tag{3.7}$$

最大拉应力发生在紧边进入主动轮处。

3.2.5　带传动的弹性滑动

弹性滑动和打滑是两个截然不同的概念。打滑是指过载引起的全面滑动，是可以避免的。而弹性滑动是由拉力差引起的，只要传递圆周力，就必然会发生弹性滑动，所以，弹性滑动是不可避免的。

由于带的弹性变形而产生的带与带轮间的滑动称为弹性滑动。传动带是弹性体，带由紧边绕过主动轮进入松边时，带的拉力逐渐降低，其弹性变形量也逐渐缩短，带运动滞后于轮，使 $v_带 < v_{轮1}$；带由松边绕过从动轮进入紧边时，拉力增加，带逐渐被拉长，带运动超前于轮，使 $v_带 > v_{轮2}$。

带传动弹性滑动程度用滑动率 ε 表示：

$$\varepsilon = \frac{v_1 - v_2}{v_1} = 1 - \frac{n_1 d_{d1}}{n_2 d_{d2}} \tag{3.8}$$

带传动的实际传动比为

$$i = \frac{n_1}{n_2} = \frac{d_{d2}(1 - \varepsilon)}{d_{d1}} \tag{3.9}$$

注意：由于 ε 很小，在一般计算中，可忽略 ε 的影响。

3.3　实验目的

本实验配有专用多媒体软件，学生可利用计算机在软件界面说明文件的指导下，独立地进行实验，培养学生的实际动手能力。

（1）观察带传动中的弹性滑动和打滑现象以及它们与带传递的载荷之间的关系。

（2）测定弹性滑动率和带传动效率与所传递的载荷之间的关系，绘制带传动弹性滑动曲线和效率曲线。

（3）了解带传动实验台的工作原理与扭矩、转速的测量方法。

3.4　实验设备和工具

本实验在皮带传动实验台上进行。本实验台可进行皮带传动滑动率和效率曲线的测定。其电动机为直流无级调速电机，采用先进的调速电路，测速方式为红外线光电测速；皮带轮转速和扭矩可直接在面板上准确读取，也可输出到计算机中进行测试分析，如图 3.3 所示。

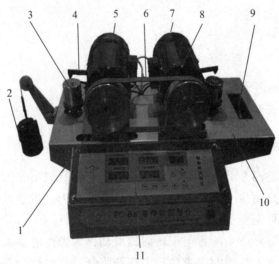

图 3.3　皮带传动实验台主要结构图

1—电机移动底板；2—砝码；3—传感器；4—弹性测力杆；5—主动电动机；6—平皮带；
7—光电测速装置；8—发电机；9—电子加载；10—机壳；11—操纵面板

（1）该实验传动系统由主动直流伺服电动机 5 装在滑座上，可沿滑座滑动，电机轴上装有主动轮，通过平皮带带动从动轮，从动轮装在直流伺服发电机 8 的轴上。在发电机的输出电路上，并联了 8 个灯泡（每个灯泡 40 W），作为带传动的加载装置（可手动或计算机加载控制）。砝码 2 通过钢丝绳、定滑轮拉紧滑座，从而使带张紧，并保证一定的初拉力。开启灯泡，使发电机的负载电阻增大，带的受力增大，两边拉力差也增大，带的弹性滑动逐步增加。当带传递的载荷刚好达到所能传递的最大有效圆周力时，带开始打滑，当负载继续增加时则完全打滑。

（2）测量系统。

测量系统由光电测速装置和测扭矩装置两部分组成。

① 两电机后端装有红外线光电测速装置 7 和测速转盘，主、从动皮带轮转速可直接在计算机上或在面板各自的数码管上读取，并传到计算机中进行处理分析。

② 主动轮的扭矩 T_1 和从动轮的扭矩 T_2 均通过电机外壳来测定。电动机 5 和发电机 8 的外壳支撑在支座的滚动轴承中，并可绕与转子相重合的轴线摆动。当电动机启动和发电机负载后，由于定子磁场和转子磁场的相互作用，电动机的外壳将向转子旋转的反向倾倒，发电机的外壳将向转子旋转的同向倾倒，它们的倾倒力矩可分别通过固定在定子外壳上的测力计所得的力矩来平衡。B 型实验台可直接在面板 11 各自的数码管上读取数据，并传到计算机中进行处理分析；A 型实验台可在各自的测力计读取数据并通过扭矩公式进行计算。

主动轮上的扭矩为

$$T_1 = Q_1 K_1 L_1 （\text{N} \cdot \text{mm}） \tag{3.10}$$

从动轮上的扭矩为

$$T_2 = Q_2 K_2 L_2 （\text{N} \cdot \text{mm}） \tag{3.11}$$

传动的有效拉力为

$$F = 2T_1 / D_1 （\text{N}） \tag{3.12}$$

式中　Q_1、Q_2 ——测力计上百分表的读数；

　　K_1、K_2 ——测力计标定值，0.01 mm；

　　L_1、L_2 ——测力计的力臂，$L_1 = L_2 = 120$ mm。

带传动的效率为

$$\eta = \frac{T_2 n_2}{T_1 n_1} \times 100\% \tag{3.13}$$

弹性滑动率为

$$\varepsilon = \frac{n_1 - n_2}{n_1} \times 100\% \tag{3.14}$$

（3）实验台的主要技术参数。

直流电动机功率：355 W；

发电机额定功率：355 W；

调速范围：50～1 500 r/min；

最大负载转速下降率：≤5%；

初拉力最大值：30 N；

杠杆测力臂长度：$L_1 = L_2 = 120$ mm，（L_1、L_2 为电动机中心至测力杆支点的长度）；

皮带轮直径：$D_1=D_2=120$ mm；

测力计标定值：$K_1=0.01$ mm，$K_2=0.01$ mm；

百分表精度：0.01 mm；

测量范围：0～10 mm；

实验台总质量：45 kg。

（4）电气装置。

该仪器的转速控制由两部分组成：一部分为由脉冲宽度调制原理所设计的直流电机调速电源；另一部分为电动机、发电机各自的转速测量电路和显示电路及各自的红外传感器电路。

① 调速电源能输出电动机和发电机的励磁电压，还能输出电动机所需的电枢电压，调节板面上的"调速"旋钮，即可获得不同的电枢电压，也就可以改变电动机的转速；通过皮带的作用，也就同时改变了发电机的转速，使发电机输出不同的功率。发电机的电枢端最多可并接 8 个 40 W 的灯泡用于负载。改变面板上 A～H 的开关状态，即可改变发电机的负载量。

② 转速测量及显示电路有左、右两组 LED 数码管，分别显示电动机和发电机的转速，如图 3.4 所示。在单片机的程序控制下，可分别完成"复位""查看"和"存储"功能，以及同时完成"测量"功能。通电后，该电路自动开始工作，个位右下方的小数点亮，即表示电路正在检测并计算电动机和发电机的转速。通电后或检测过程中，一旦发现测速显示不正常或需要重新启动测速时，可按"复位"键。当需要存储记忆所测到的转速时，可按"存储"键，一共可存储记忆最后存储的 10 个数据。如果按"查看"键，即可查看前一次存储的数据，再按"查看"键，可再继续向前查看。在"存储"和"查看"操作后，如需继续测量，可按"测量"键，这样就可以同时测量电动机和发电机的转速。

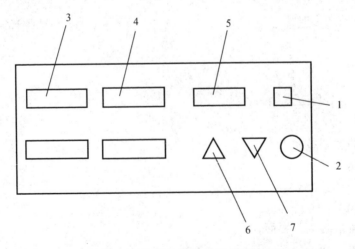

图 3.4 皮带传动实验台面板布置图

1—电流开关；2—转速调节；3—电动机转速显示；4—发电机转速显示；
5—发电机负载；6—加载按钮；7—减载按钮

3.5 实验原理和方法

当预紧力一定时，主动电机的皮带轮和从动电机的皮带轮与皮带的摩擦力足够可以使主动皮带轮与从动皮带轮的速度保持一致，即 $v_主 = v_从$。这时，皮带的滑动率为

$$\varepsilon = \frac{v_1 - v_2}{v_1} \times 100\% = 0 \qquad （3.15）$$

当主动轮与皮带轮直径相等时，皮带的滑动率为

$$\varepsilon = \frac{n_1 - n_2}{n_1} \times 100\% = 0 \qquad （3.16）$$

当让发电机负载，即让灯泡消耗电能时，发电机因消耗了电能，故其主轴开始变慢，而主动轮还是以初始的速度运转，故皮带开始打滑。负载越大，发电机主轴转速就越慢，皮带打滑就越严重。皮带相对发电机做绝对打滑的过程中，因为皮带具有弹性，且主电动机是可以活动的，故皮带相对电动机皮带轮就开始弹性打滑。事实上，皮带在打滑过程中始终都保持了弹性打滑，皮带在打滑的过程中，功率将在传动中损耗。

功率为

$$N = \frac{30}{\pi} M \times n \qquad （3.17）$$

故效率为

$$\eta = \frac{M_1 \times n_1}{M_2 \times n_2} \times 100\% \qquad （3.18）$$

而

$$M_1 = F_1 \times L_1 \qquad （3.19）$$

$$M_2 = F_2 \times L_2 \qquad （3.20）$$

式中　F_1、F_2 ——压力传感器传感力读数。

故效率为

$$\eta = \frac{F_1 \times L_1 \times \omega_1}{F_2 \times L_2 \times \omega_2} \times 100\% \qquad （3.21）$$

3.6 实验步骤

1. A 型实验台

（1）接通电源，实验台的指示灯亮，检查测力计的测力杆是否处于平衡状态，若不平衡，则调整到平衡。

（2）加砝码 3 kg，使皮带具有初拉力。

（3）慢慢地沿顺时针方向旋转按钮，使电机从开始运转加速到 $n_1 = 1\,000$ r/min 左

右，在没加负载的情况下，记录 n_2、Q_1、Q_2 的一组数据。

（4）打开一个灯泡（即加载 40 W），记录 n_1、n_2、Q_1、Q_2 的一组数据，注意此时 n_1 和 n_2 之间的差值，即观察带的弹性滑动现象。

（5）逐渐增加负载（即每次打开一个 40 W 的灯泡），重复第（4）步，直到 $\varepsilon \geqslant 3\%$ 左右，带传动开始进入打滑状态。若再打开灯泡增加载荷，则 n_1 和 n_2 之差值迅速增大。

（6）填写实验报告中的各项数据，绘制弹性滑动曲线和效率曲线图。

2. B 型实验台

（1）打开计算机，单击"皮带传动"图标，进入皮带传动的界面（见图 3.5）。单击鼠标左键，进入皮带传动实验说明界面（图 3.6）。

 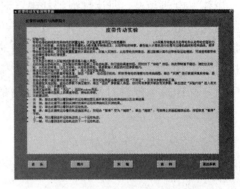

图 3.5　皮带传动实验台软件界面　　　　图 3.6　皮带传动实验说明界面

（2）在皮带传动实验说明界面下方单击"实验"键，进入皮带传动实验分析界面。

（3）启动实验台的电动机，待皮带传动运转平稳后，可进行皮带传动实验。

（4）在皮带传动实验分析界面下方单击"运动模拟"键，观察皮带传动的运动和弹性滑动及打滑现象。

（5）单击"加载"键，可对灯泡组加载，每加载一次可增加 5% 的灯泡组负荷功率。每采集一次数据，时间间隔 5~10 s。

（6）数据稳定后，单击"稳定测试"键，稳定记录显示皮带传动的实测数据。

（7）重复实验步骤（5）和（6）直至皮带打滑，结束测试。

（8）如果实验效果不够理想，可单击"重做实验"即可从第（5）步开始重做实验。

（9）单击"实测曲线"键，显示皮带传动滑动曲线和效率曲线。

（10）如果要打印皮带传动滑动曲线和效率曲线，在该界面下方单击"打印"键，即可打印出该曲线图。

（11）如果实验结束，单击"退出"，返回 Windows 界面。

3. 注意事项

（1）通电前的准备。

① 面板上调速旋钮逆时针旋到底（转速最低）位置，连接地线。

② 加上一定的砝码（2.5 kg 或 3 kg），使皮带张紧。

③ 断开发电机所有负载。

（2）通电后，电动机和发电机转速显示的四位数码管亮。

（3）调节调速旋钮，使电动机和发电机有一定的转速，测速电路可同时测出它们的转速。

3.7　思考题

（1）带传动的效率与哪些因素有关，为什么？

（2）带传动的滑动系数与哪些因素有关，为什么？

（3）引起弹性滑动的原因是什么？能否避免弹性滑动？（能、不能）

（4）引起打滑的原因是什么？有什么避免打滑的措施？

3.8　实验报告

带传动实验报告

学生姓名		学　号		组　别	
实验日期		成　绩		指导教师	

1. 实验设备与实验条件

　　实验机型号：

　　实验条件：

　　带类型及型号：

　　带轮直径：

　　测力杆臂长：

2. 实验数据记录与处理

序　号	Q_1	Q_2	n_1	n_2	Δn	T_1	T_2	F	η	ε
1										
2										
3										
4										
5										
6										
7										
8										
9										
10										
11										
12										
13										
14										
15										
16										
17										

3. 绘制效率曲线和滑动曲线

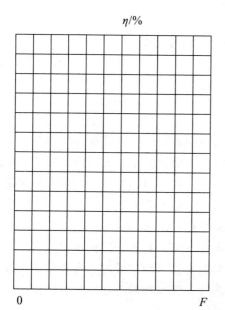

$\eta/\%$

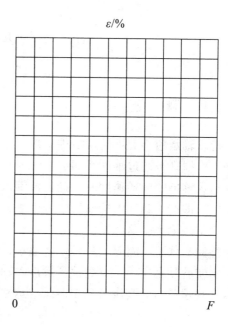

$\varepsilon/\%$

4. 思考题答案

4 滑动轴承实验

4.1 概　述

滑动轴承用于支承转动零件，是一种在机械中被广泛应用的重要零部件。滑动轴承的工作原理是通过轴颈将润滑油带入轴承摩擦表面，由于油的黏性（黏度）作用，当达到足够高的旋转速度时，油就被带入轴与轴瓦配合面间的楔形间隙内形成流体动压效应，即在承载区内的油层中产生压力。当压力能平衡外载荷时，轴与轴瓦之间形成了稳定的油膜。这时轴的中心对轴瓦中心处于偏心位置，轴与轴瓦之间处于完全液体摩擦润滑状态。因此这种轴承摩擦小，轴承寿命长，具有一定的吸振能力。

本实验就是让学生直观地了解滑动轴承的动压油膜的形成过程与现象，通过绘制出滑动轴承径向油膜压力分布曲线与承载量曲线，深刻理解滑动轴承的工作原理。

4.2 相关理论知识点

轴承可根据其工作原理分为滚动摩擦轴承（滚动轴承）和滑动摩擦轴承（滑动轴承）。滑动轴承表面能形成润滑膜将运动副表面分开，则滑动摩擦力可大大降低，由于运动副表面不直接接触，因此也避免了磨损。滑动轴承的承载能力大，回转精度高，润滑膜具有抗冲击作用，因此，在工程上获得广泛的应用。

轴承根据其承受载荷的方向又可分为动压滑动轴承和静压滑动轴承。动压滑动轴承利用相对运动副表面的相对运动和几何形状，借助流体黏性，把润滑剂带进摩擦面之间，依靠自然建立的流体压力膜，将运动副表面分开，这种润滑方法称为流体动力润滑。静压滑动轴承在滑动轴承与轴颈表面之间输入高压润滑剂以承受外载荷，使运动副表面分离，这种润滑方法称为流体静压润滑。

滑动轴承通常由轴承座、轴瓦、轴承衬和润滑结构等部分组成。

轴瓦分为剖分式和整体式结构。为了改善轴瓦表面的摩擦性质，常在其内径面上浇铸一层或两层减摩材料，通常称为轴承衬，所以轴瓦又有双金属轴瓦和三金属轴瓦。

轴瓦或轴承衬是滑动轴承的重要零件，轴瓦和轴承衬的材料统称为轴承材料。由于轴瓦或轴承衬与轴颈直接接触，一般轴颈部分比较耐磨，因此轴瓦的主要失效形式是磨损。轴瓦的磨损与轴颈的材料、轴瓦自身材料、润滑剂和润滑状态直接相关，选择轴瓦材料时应综合考虑这些因素，以提高滑动轴承的使用寿命和工作性能。

轴承的材料有金属材料（如轴承合金、青铜、铝基合金、锌基合金等）、多孔质金属材料（粉末冶金材料）和非金属材料。

其中，轴承合金又称白合金，主要是锡、铅、锑或其他金属的合金。由于其耐磨性好、塑性高、跑合性能好、导热性好、抗胶合性好及与油的吸附性好，故适用于重载、高速情况下。轴承合金的强度较小，价格较贵，使用时必须浇注在青铜、钢带或铸铁的轴瓦上，形成较薄的涂层。

多孔质金属是一种粉末材料，它具有多孔组织，若将其浸在润滑油中，使微孔中充满润滑油，变成了含油轴承，具有自润滑性能。多孔质金属材料的韧性小，只适用于平稳的无冲击载荷及中、小速度情况下。

非金属材料主要有轴承塑料，常用的轴承塑料有酚醛塑料、尼龙、聚四氟乙烯等。塑料轴承有较大的抗压强度和耐磨性，可用油和水润滑，也有自润滑性能，但导热性差。

润滑剂的作用是减小摩擦阻力、降低磨损、冷却和吸振等，润滑剂有液态的、固态的、气态的及半固态的。液体的润滑剂称为润滑油，半固体的、在常温下呈油膏状的称为润滑脂。

润滑油是主要的润滑剂，润滑油的主要物理性能指标是黏度，黏度表征液体流动的内摩擦性能，黏度越大，其流动性越差。润滑油的另一物理性能是油性，表征润滑油在金属表面上的吸附能力，油性越大，对金属的吸附能力愈强，油膜越容易形成。润滑油的选择应综合考虑轴承的承载量、轴颈转速、润滑方式、滑动轴承的表面粗糙度等因素。一般原则如下：

（1）在高速轻载的工作条件下，为了减小摩擦功耗，可选择黏度小的润滑油；

（2）在重载或冲击载荷工作条件下，应采用油性大、黏度大的润滑油，以形成稳定的润滑膜；

（3）静压或动静压滑动轴承可选用黏度小的润滑油；

（4）表面粗糙或未经跑合的表面应选择黏度高的润滑油。

润滑脂是用矿物油、各种稠化剂（如钙、钠、锂、铝等金属皂）和水调和而成，润滑脂的稠度（针入度）大，承载能力大，但物理和化学性质不稳定，不宜在温度变化大的条件下使用，多用于低速重载或摆动的轴承中。

向轴承提供润滑剂是形成润滑膜的必要条件，静压轴承和动静压轴承是通过油泵、节流器和油沟向滑动轴承的轴瓦连续供油，形成油膜使得轴瓦与轴颈表面分开。动压滑动轴承的油膜是靠轴颈的转动将润滑油带进轴承间隙，其供油方式有连续供油和间歇供油。

润滑膜的形成是滑动轴承能正常工作的基本条件，影响润滑膜形成的因素有润滑方式、运动副相对运动速度、润滑剂的物理性质和运动副表面的粗糙度等。滑动轴承的设计应根据轴承的工作条件，确定轴承的结构类型、选择润滑剂和润滑方法及确定轴承的几何参数。

描述润滑油膜压强规律的数学表达式称为雷诺方程。

1. 流体动力润滑理论的基本方程

流体动力润滑理论的基本方程是流体膜压力分布的微分方程，即雷诺方程，推导

该方程的力学模型如图 4.1 所示。一维雷诺方程式的微分表达形式为

$$\frac{\partial}{\partial x}\left(h^3 \frac{\partial p}{\partial x}\right) = 6\eta v \frac{\partial h}{\partial x} \qquad (4.1)$$

而它的常用形式，即一维雷诺方程的积分表达形式为

$$\frac{\partial p}{\partial x} = 6\eta v \frac{h - h_{\mathrm{m}}}{\partial x} \qquad (4.2)$$

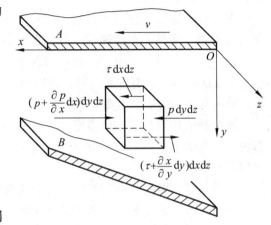

式中 η —— 润滑油黏度；

v —— 平板移动速度；

h —— 油膜厚度，与 x 有关；

h_{m} —— $\frac{\partial p}{\partial x} = 0$ 处的油膜厚度。

2. 径向滑动轴承形成流体动力润滑的过程

图 4.1 动压分析力学模型

径向滑动轴承的轴径与轴承孔间必须留有间隙，如图 4.2（a）所示。径向滑动轴承形成流体动压润滑的过程，可分为 3 个阶段：启动前阶段，如图 4.2（a）所示；启动阶段，如图 4.2（b）所示；液体润滑阶段，如图 4.2（c）所示。

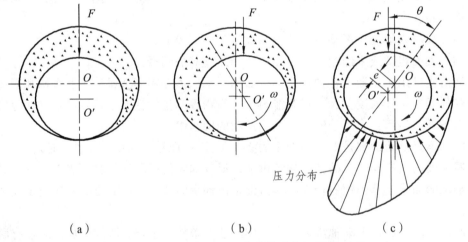

（a）   （b）   （c）

图 4.2 径向滑动轴承形成流体动力润滑的过程

当轴颈静止时[见图 4.2（a）]，轴颈处于轴承孔的最低位置，并与轴瓦接触。此时，两表面间自然形成一收敛的楔形空间。当轴颈开始转动时，速度极低，带入轴承间隙中的油量较少，这时轴瓦对轴颈摩擦力的方向与轴颈表面圆周速度方向相反，迫使轴颈在摩擦力作用下沿孔壁向右爬升[见图 4.2（b）]。随着转速的增大，轴颈表面的圆周速度增大，带入楔形空间的油量也逐渐加多。这时，右侧楔形油膜产生了一定的动压力，将轴颈向左浮起。当轴颈达到稳定运转时，轴颈便稳定在一定的偏心位置

上[见图 4.2（c）]。这时，轴承处于流体动力润滑状态，油膜产生的动压力与外载荷 F 相平衡。此时，由于轴承内的摩擦阻力仅为液体的内阻力，故摩擦系数达到最小值。

3. 径向滑动轴承的几何关系和承载量系数

如图 4.3 所示为轴承工作时轴径的位置，轴承和轴径的连心线 OO_1 与外载荷 F 的方向形成一偏位角 φ_a，轴承孔和轴颈直径分别用 D 与 d 表示。

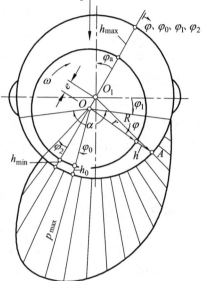

① 直径间隙 Δ。

$$\Delta = D - d \qquad (4.3)$$

② 半径间隙 δ。

轴承孔半径 R 与轴颈半径 r 之差。

$$\delta = R - r = \Delta/2 \qquad (4.4)$$

③ 相对间隙 ψ。

相对间隙为直径间隙与轴径公称直径之比。

$$\psi = \frac{\Delta}{d} = \frac{\delta}{r} \qquad (4.5)$$

④ 偏心距 e。

偏心距为轴颈在稳定运转时，其中心 O 与轴承中心 O_1 的距离。

⑤ 偏心率 χ。

偏心率为偏心距与半径间隙的比值。

图 4.3 径向滑动轴承的几何参数和油压分布

$$\chi = \frac{e}{\delta} \qquad (4.6)$$

⑥ 最小油膜厚度 h_{min}。

$$h_{min} = \delta - e = \delta(1 - \chi) = r\psi(1 - \chi) \qquad (4.7)$$

⑦ 承载量系数 C_p。

$$C_p = \frac{F\psi^2}{\eta \omega d B} = \frac{F\psi^2}{2\eta v B} \qquad (4.8)$$

式中　　η ——润滑油在轴承平均工作温度下的动力黏度，N·s/m²；

　　　　B ——轴承宽度，m；

　　　　F ——外载荷，N；

　　　　v ——轴颈圆周速度，m/s。

4. 最小油膜厚度

为了建立滑动轴承完全的液体润滑，必须使最小油膜厚度 h_{min} 满足：

$$h_{min} \geqslant k(R_{z1} + R_{z2}) \qquad\qquad (4.9)$$

式中　　k　——安全系数，一般取 $k = 1.5 \sim 2$；

　　　　R_{z1}　——轴颈表面粗糙度的十点平均高度；

　　　　R_{z2}　——轴瓦表面粗糙度的十点平均高度。

形成动压油膜的必要条件：

（1）两工件之间的间隙必须有楔形间隙；

（2）两工件表面之间必须连续充满润滑油或其他液体；

（3）两工件表面必须有相对滑动速度，其运动方向必须保证润滑油从大截面流进，从小截面流出。

理论上只要将 p_y（轴承单位宽度上的油膜承载力）乘以轴承宽度就可得到油膜总承载能力，但在实际轴承中，由于油可能从轴承两端泄漏出来，考虑这一影响时，压力沿轴向呈抛物线分布。油膜压力沿轴向的分布：理论分布曲线——水平直线，各处压力一样；实际分布曲线——抛物线，且曲线形状与轴承的宽径比 B/d 有关。

4.3　实验目的

该实验台用于机械设计中液体动压滑动轴承实验,主要用来观察滑动轴承的结构、测量其径向油膜压力分布、测定其摩擦特性曲线。使用该实验系统可以方便地完成以下实验：

（1）观察滑动轴承的动压油膜形成过程与现象。

（2）滑动轴承油膜压力周向与轴向分布的测试分析（包括仿真分析）。

（3）测定和绘制滑动轴承周向与轴向油膜压力分布曲线。

（4）了解滑动轴承的摩擦系数的测量方法和摩擦特性曲线的绘制方法。

（5）了解滑动轴承实验中其他重要参数的测定。

4.4　实验设备和工具

滑动轴承实验台照片如图 4.4 所示，系统框图如图 4.5 所示，它由以下设备组成：

（1）ZCS-Ⅰ液体动压轴承实验台的机械结构。

（2）油压表，共 7 个，用于测量轴瓦上径向油膜压力分布值。

（3）工作载荷传感器，为应变力传感器，测量外加载荷值。

（4）摩擦力矩传感器，为应变力传感器，测量在油膜压力作用下轴与轴瓦间产生的摩擦力矩。

（5）转速传感器，为霍尔磁电式传感器，测量主轴转速。

（6）液体动压轴承实验仪，以单片微机为主体，完成对工作载荷传感器、摩擦力矩传感器及转速传感器的信号采集，处理并将结果由 LED 数码管显示出来。轴承实验仪正面图如图 4.6 所示。

图 4.4　滑动轴承实验台

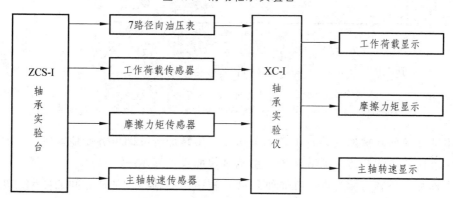

图 4.5　滑动轴承实验系统框图

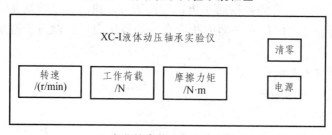

* 复位键在轴承实验仪后面

图 4.6　轴承实验仪正面图

（7）如果是 ZCS-Ⅱ型实验台，图 4.6 的显示结果可由数据采集器 ——计算机 ——CRT 显示器显示。

　　该实验台结构示意图如图 4.7 所示，主轴 7 由两高精度的单列向心球轴承支撑。直流电机 1 通过三角带 2 传动到主轴 7，主轴顺时针转动，主轴上装有精密加工的轴瓦 5，由装在底座上的无级调速器 12 实现主轴的无级变化，轴的转速由装在试验台上的霍尔转速传感器测出并显示。

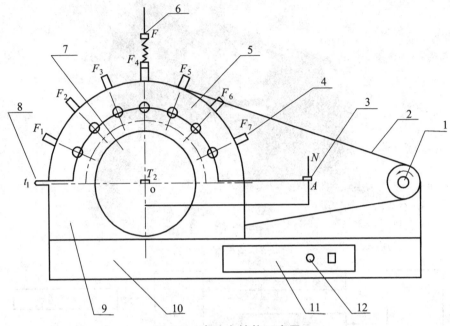

图 4.7   实验台结构示意图

1—直流电机；2—三角带；3—摩擦力矩传感器；4—油压表；5—主轴瓦；6—工作载荷传感器；
7—主轴；8—油槽；9—箱体；10—底座；11—面板；12—无级调速器

主轴瓦 5 外圆被加载装置（未画）压住，旋转加载杆即可方便地对轴瓦加载，加载力大小由工作载荷传感器 6 测出，由测试仪面板上显示。

主轴瓦上还装有测力杆，在主轴回转过程中，主轴与主轴瓦之间的摩擦力矩由摩擦力矩传感器测出，并在测试仪面板上显示，由此算出摩擦系数。

主轴瓦前端装有 7 个测量径向压力的油压表 4，油的进口在轴瓦的 1/2 处。由油压表可读出轴与轴瓦之间径向平面内相应点的油膜压力，由此可绘制出径向油膜压力分布曲线。

实验台主要技术参数如下：

轴瓦内直径：d=70 mm；

长度：L=125 mm；

加载传感器量程：W=0 ~ 2 000 N（200 kg）；

压力传感器量程：0 ~ 1 MPa；

油压表量程：0 ~ 1 MPa；

主轴调速范围：0 ~ 500 r/min；

摩擦力传感器量程：50 N；

直流电机功率：400 W。

4.5 实验原理和方法

当轴颈开始转动时，速度极低，这时轴颈和轴承主要是金属相接触，产生的摩擦为金属间的直接摩擦，摩擦阻力最大。随着转速的增大，轴颈表面的圆周速度增大，带入油楔内的油量也逐渐增多，则金属接触面被润滑油分隔开的面积也逐渐加大，因而摩擦阻力也就逐渐减小。

当速度增加到一定大小之后，已能带入足够把金属接触面分开的油量，油层内的压力已建立到能支承轴颈上外载荷程度，轴承就开始按照液体摩擦状态工作。此时，由于轴承内的摩擦阻力仅为液体的内阻力，故摩擦系数达到最小值，如图 4.8 摩擦特性曲线上的 A 点。

当轴颈转速进一步加大时，轴颈表面的速度也进一步增大，使油层间的相对速度增大，故液体的内摩擦也就增大，轴承的摩擦系数也随之上升。

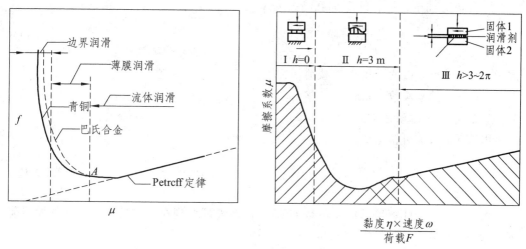

图 4.8 摩擦特性曲线（Stribeck 曲线）

特性曲线上的 A 点是轴承由混合润滑向流体润滑转变的临界点。此点的摩擦系数最小，此点相对应的轴承特性系数称为临界特性系数，以 λ_0 表示。A 点之右，即 $\lambda > \lambda_0$ 区域为流体润滑状态；A 点之左，即 $\lambda < \lambda_0$ 区域为边界润滑状态。

根据不同条件所测得的 f 和 λ 之值，我们就可以做出 f-λ 曲线，用以判别轴承的润滑状态，能否实现在流体润滑状态下工作。

4.5.1 油膜压力测试实验

1. 理论计算压力

根据流体动力润滑的雷诺方程，从油膜起始角 φ_1 到任意角 φ 的压力为

$$P_\varphi = 6\eta \frac{\omega}{\psi^2} \int_{\varphi_1}^{\varphi} \frac{\chi(\cos\varphi - \cos\varphi_0)}{(1+\chi\cos\varphi)^3} \mathrm{d}\varphi \tag{4.10}$$

式中　P_φ ——任意位置的压力，Pa；

　　　η ——油膜黏度；

　　　ω ——主轴转速，rad/s；

　　　ψ ——相对间隙，$\psi = \dfrac{D-d}{d}$，其中 D 为轴承孔直径，d 为轴径直径；

　　　φ ——油压任意角，（°）；

　　　φ_0 ——最大压力处极角，（°）；

　　　φ_1 ——油膜起始角，（°）；

　　　χ ——偏心率，$\chi = \dfrac{2e}{(D-d)}$，其中 e 为偏心距。

在雷诺公式中，油膜起始角 φ_1、最大压力处极角 φ_0 由实验台实验测试得到。另一变化参数偏心率 χ 的变化情况，由查表得到，具体方法如下：

对有限宽轴承，油膜的总承载能力为

$$F = \frac{\eta \omega d B}{\psi^2} C_\mathrm{p} \tag{4.11}$$

式中　F ——承载能力，即外加载荷，N；

　　　B ——轴承宽度，mm；

　　　C_p ——承载量系数。

由式（4.11）可推出：

$$C_\mathrm{p} = \frac{F \psi^2}{\eta \omega d B} \tag{4.12}$$

由式（4.12）计算得承载量系数 C_p 后，再查表可得到在不同转速、不同外加载荷下的偏心率情况。

注意：若所查的参数系数超出了表中所列的，可用插值法进行推算。

2. 实际测量压力

如图 4.7 所示，启动电机，控制主轴转速，并施加一定工作载荷，运转一定时间后轴承中形成压力油膜。图中代号 F_1、F_2、F_3、F_4、F_5、F_6、F_7 七个压力传感器用于测量轴瓦表面每隔 22°角处的七点油膜压力值，并经 A/D 转换器送往微机中显示压力值。

在实验台配套软件中可以分别做出油膜实际压力分布曲线和理论分布曲线，并比较两者间的差异。

4.5.2　摩擦特性实验

1. 理论摩擦系数

理论摩擦系数为

$$f = \frac{\pi}{\psi} \frac{\eta \omega}{p} + 0.55 \psi \varepsilon \tag{4.13}$$

式中 f——摩擦系数；

　　p——轴承平均压力，$p = \dfrac{F}{dB}$，Pa；

　　ε——随轴承宽径比而变化的系数，对于 $B/d<1$ 的轴承，$\varepsilon=(d/B)^{1.5}$，当 $B/d \geqslant 1$ 时，$\varepsilon=1$；

　　ψ——相对间隙，$\psi = \dfrac{D-d}{d}$。

　　由式（4.13）可知，理论摩擦系数 f 的大小与油膜黏度 η、转速 ω 和平均压力 p（也即外加载荷 F）有关。在使用同一种润滑油的前提下，黏度 η 的变化与油膜温度有关，由于不是在长时间工作的情况下，油膜温度变化不大，因此在本实验系统中暂时不考虑黏度因素。

2. 测量摩擦系数

　　如图 4.7 所示，在轴瓦中心引出一压力传感器 6，用以测量轴承工作时的摩擦力矩，进而换算得摩擦系数值。对它们进行分析，如图 4.9 所示。

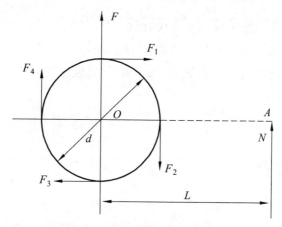

图 4.9　轴径圆周表面摩擦力分析

$$\sum Fr = NL \tag{4.14}$$
$$\sum F = fF \tag{4.15}$$

式中　$\sum F$——圆周上各切点摩擦力之和，$\sum F = F_1 + F_2 + F_3 + F_4$；

　　r——圆周半径；

　　N——压力传感器测得的力；

　　L——力臂；

　　F——外加载荷力；

　　f——摩擦系数。

　　所以实测摩擦系数公式为

$$f = \dfrac{NL}{Fr} \tag{4.16}$$

4.5.3　轴承实验中其他重要参数

在轴承实验中还有一些比较重要的参数概念，以下分别作介绍。

1. 轴承的平均压力 p（单位：MPa）

$$p = \frac{F}{dB} \leqslant [p] \qquad (4.17)$$

式中　F——外加载荷，N；

　　　　B——轴承宽度，mm；

　　　　d——轴径直径，mm；

　　　　$[p]$——轴瓦材料许用压力，MPa，其值可查。

2. 轴承 pv 值（单位：MPa·m/s）

轴承的发热量与其单位面积上的摩擦功耗 fpv 成正比（f 是摩擦系数），限制 pv 值就是限制轴承的温升。

$$pv = \frac{F}{dB} \cdot \frac{\pi dn}{60 \times 1\,000} = \frac{Fn}{19\,100B} \leqslant [pv] \qquad (4.18)$$

式中　v——轴颈圆周速度，即滑动速度，m/s；

　　　　$[pv]$——轴承材料 pv 许用值，MPa·m/s，其值可查。

3. 最小油膜厚度

$$h_{\min} = r\psi(1 - \chi) \qquad (4.19)$$

4.6　实验步骤

1. ZCS-Ⅰ型实验台操作步骤

（1）在松开螺旋加载杆的状态下，启动电机，并慢慢将主轴转速调整到 300 r/min 左右。

（2）慢慢转动螺旋加载杆，同时观察实验仪面板上的工作载荷显示窗口，一般应加载 1 500 N 左右。

（3）待各压力表的压力值稳定后，由左至右依次记录各压力表的压力值（7 块表）。

（4）当载荷不变，逐级降低转速（250、200、150、100、80、60、40、30、20 r/min），每改变一级转速记录一次各点压力值。也可转速不变，逐级降低载荷。

（5）测量摩擦系数。

如图 4.7 所示，在轴瓦中心引出一摩擦力矩传感器 3，用以测量轴承工作时的摩擦力矩，进而换算得到摩擦系数值。

径向滑动轴承的摩擦系数随轴承的特性系数值 $\lambda = \eta n / p$ 而改变。在边界摩擦时，f 随 $\eta n / p$ 的增大而变化很小（由于 n 值很小，建议用手慢慢转动轴），进入混合摩擦后，$\eta n / p$ 的改变引起 f 的急剧变化，在刚形成液体摩擦时 f 达到最小值，此后，随 $\eta n / p$

的增大油膜厚度也随之增大，因而 f 也有所增大。

如图 4.9 所示，摩擦系数 f 的值可通过测量轴承的摩擦力矩而得到，轴转动时，轴对轴瓦产生周向摩擦力 F，其摩擦力矩为 $Fd/2$，它供轴瓦 5 翻转，其翻转力矩通过固定在实验台底座的摩擦力矩传感器测出，并经过以下计算可得摩擦系数 f 的值。

根据力矩平衡条件得

$$F \cdot \frac{d}{2} = LQ \tag{4.20}$$

摩擦力之和为

$$\sum F = F_1 + F_2 + F_3 + F_4 + \cdots \tag{4.21}$$

式中　Q ——作用在摩擦力矩传感器上的反作用力；

　　　L ——测力杆的长度，$L=120$ mm。

$$f = \frac{F}{W} = \frac{2LQ}{Wd} \tag{4.22}$$

　　　f ——摩擦系数；

　　　W ——工作载荷，在实验仪上读出；

　　　LQ ——由摩擦力矩传感器测得，在实验仪上读出。

（6）关机。

待实验数据记录完毕后，先松开螺旋加载杆，并旋动调整电位器使电机转速为零，关闭实验台及实验仪电源。

（7）绘制周向油膜压力分布曲线与承载曲线。

① 根据测出的各压力值按一定比例绘制出油压分布曲线与承载曲线,其具体画法是：沿着圆周表面从左到右画出角度分别为 30°、50°、70°、90°、110°、130°、150°等，分别得出油孔点 1、2、3、4、5、6、7 的位置。通过这些点与圆心 O 连线，在各连线的延长线上将压力表（比例：0.1 MPa=5 mm）测出的压力值画出压力线 1—1′，2—2′，3—3′，…，7—7′。将 1′，2′，3′，…，7′各点连成光滑的曲线，此曲线就是所测轴承的一个径向截面的油膜径向压力分布曲线。

② 为了确定轴承的承载量，用 $p_i\sin\varphi_i$（$i=1$，2，…，7）求得向量 1—1′，2—2′，3—3′，…，7—7′在载荷方向的分量，即 y 轴的投影值。角度 φ_i 与 $\sin\varphi_i$ 的数值见表 4.1。

表 4.1　角度 φ_i 与 $\sin\varphi_i$ 的数值

φ_i	30°	50°	70°	90°	110°	130°	150°
$\sin\varphi_i$	0.500	0.766	0.939 7	1.00	0.939 7	0.766	0.500

③ 然后将 $p_i\sin\varphi_i$ 这些平行于 y 轴的向量移到直径 0—8 上。为清楚起见，将直径 0—8 平移到（见图 4.10）的下部，在直径 0—8 上先画出轴承表面上油孔位置投影点 1′，2′，…，8′，然后通过这些点画出上述相应的各点压力在载荷方向的分量，即 1″，2″，3″，…，7″等点，将各点平滑地连接起来，所形成的曲线即为在载荷方向的压力分布。

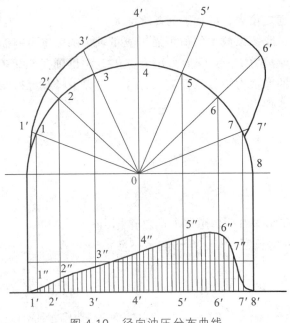

图 4.10　径向油压分布曲线

2. ZCS-Ⅱ型实验台系统

系统连接及启动：

（1）连接 RS232 通信线。

在实验台及计算机电源关闭状态下，将标准 RS232 通信线分别接入计算机及 ZCS-Ⅱ型液体动压轴承实验台 RS232 串行接口。

（2）启动机械教学综合实验系统。

确认 RS232 串行通信线正确连接，开启计算机，点击"机械教学实验系统"图标进入机械教学综合实验系统主界面（见图 4.11）。

图 4.11　机械教学综合实验系统主界面

在主界面左面功能框中点击"滑动轴承"功能键。点击滑动轴承实验台图面，即进入滑动轴承实验台实验初始界面（见图 4.12）。

图 4.12　滑动轴承实验系统初始界面

若在图 4.11 主界面左面功能框中无"滑动轴承"功能键，则点击"重新配置"，任选一通道号置入"滑动轴承"，点击"配置结束"即可。

3．油膜压力测试实验

① 启动压力分布实验主界面。

点击滑动轴承实验系统初始界面图，进入"油膜压力分布实验"主界面，如图 4.13 所示。

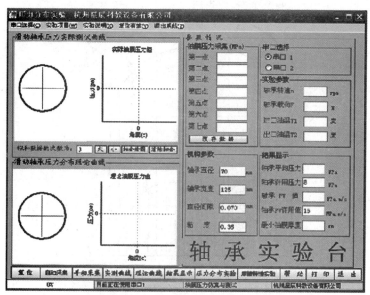

图 4.13　油膜压力分析实验主界面

② 系统复位。

放松加载螺杆，确认载荷为空载，将电机调速电位器旋钮逆时针旋到底，即零转速。顺时针旋动轴瓦前上端的螺钉，顶起轴瓦将油膜放净，然后放松该螺钉，使轴瓦和轴充分接触。

点击"复位"键，计算机采集 7 路油膜压力传感器的初始值，并将此值作为"零点"储存。

③ 油膜压力测试。

点击"自动采集"键，系统进入自动采集状态，计算机实时采集 7 路压力传感器、实验台主轴转速传感器及工作载荷传感器输出的电压信号,进行"采样—处理—显示"。慢慢转动电机调速电位器旋钮启动电机，使主轴转速达到实验预定值（一般 $n \leqslant 300\ \text{r/min}$）。

旋动加载螺杆，观察主界面中轴承载荷显示值，当达到预定值（一般为 1 800 N）后即可停止调整。

观察 7 路油膜压力显示值，待压力值基本稳定后，点击"提取数据"键，自动采集结束，主界面上即保存了相关实验数据。

④ 自动绘制滑动轴承油膜压力分布曲线,点击"实测曲线"键，计算机自动绘制滑动轴承实测油膜压力分布曲线。点击"理论曲线"键，计算机显示理论计算油膜压力分布曲线。

⑤ 手工绘制滑动轴承油膜压力分布曲线,根据测出的油压大小按一定比例手动绘制油压分布曲线，如图 4.14 所示。

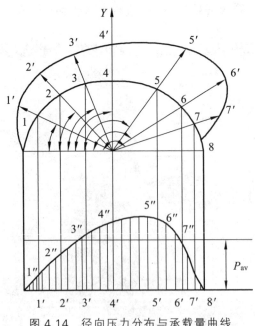

图 4.14　径向压力分布与承载量曲线

具体画法是沿着圆周表面从左向右画出角度分别为 24°，46°，68°，90°，112°，

134°，156°等，得出压力传感器 1，2，3，4，5，6，7 的位置，通过这些点与圆心连线，在它们的延长线上，将压力传感器测出的压力值，按一定比例（0.1 MPa=5 mm）画出压力向量 1—1′，2—2′，…，7—7′。实验台压力传感器显示数值的单位是大气压（1 大气压=1 kgf/mm²），换算成国际单位值的压力值（1 kgf/mm²=0.1 MPa）。将 1′，2′，…，7′各点连成平滑的曲线，这就是位于轴承宽度中部的油膜压力在圆周方向的分布曲线。

为了确定轴承的承载量，用 $p_i \sin \varphi_i (i=1, 2, \cdots, 7)$ 求出压力分布向量 1—1′，2—2′，…，7—7′在载荷方向上（y 轴）的投影值。然后，将 $p_i \sin \varphi_i$ 这些平行与 y 轴的向量移到直径 0—8 上，为清楚起见，将直径 0—8 平移到图 4.14 的下面部分，在直径 0—8′上先画出圆周表面上压力传感器油孔位置的投影点 1′，2′，…，7′。然后通过这些点画出上述相应的各点压力在载荷方向上的分布量，即 1″，2″，…，7″点位置，将各点平滑地连接起来，所形成的曲线即为在载荷方向上的压力分布。

在直径 0′—8′上做一矩形，采用方格坐标纸，使其面积与曲线包围的面积相等，则该矩形的边长 P_{av} 即为轴承中该截面上的油膜中的平均径向压力。

滑动轴承处于流体摩擦（液体摩擦）状态工作时，其油膜承载量与外载荷相平衡，轴承内油膜的承载量可用下式求出：

$$F_r = W = \psi P_{av} Bd \qquad (4.23)$$

$$\psi = \frac{W}{P_{av} Bd} \qquad (4.24)$$

式中 W —— 轴承内油膜承载能力；

F_r —— 外加径向载荷；

ψ —— 轴承端泄对其承载能力的影响系数；

P_{av} —— 轴承的径向平均单位压力；

B —— 轴瓦长度；

d —— 轴瓦内径。

润滑油的端泄对轴承内的压力分布及轴承的承载能力影响较大，通过实验可以观察其影响，具体方法如下。

将由实验测得的每只压力传感器的压力值代入式（4.25），可求出在轴瓦中心截面上的平均单位压力。

$$P_{av} = \frac{\sum_{i=1}^{i=7} p_i \sin \varphi_i}{7} = \frac{p_1 \sin \varphi_1 + p_2 \sin \varphi_2 + \cdots p_7 \sin \varphi_7}{7} \qquad (4.25)$$

轴承端泄对轴承承载能力的影响系数，由公式（4.25）求得。

4. 摩擦特性测试实验

滑动轴承的摩擦特性曲线如图 4.8 所示。参数 η 为润滑油的动力黏度，润滑油的黏度受到压力与温度的影响，由于实验过程时间短，润滑油的温度变化不大，且润滑油的压力一般低于 20 MPa，因此可以认为润滑油的动力黏度是一个近似常数。根据查表可得 N46 号机械油在 20℃ 时的动力黏度为 0.34 Pa·s。n 为轴的转速，是一个在实验中可调节的参数。轴承中的平均比压可用下式计算：

$$P = \frac{F_r}{Bd} \tag{4.26}$$

在实验中，通过调节轴的转速 n 或外加轴承径向载荷 F_r，从而改变 $\eta n/p$，将各种转速 n 及载荷 F_r 所对应的摩擦力矩测出，得出摩擦系数 f 并画出 f-n 及 f-F_r 曲线。

（1）载荷固定，改变转速。

① 确定实验模式。

打开轴承实验主界面，点击"摩擦特性实验"进入摩擦特性实验主界面，如图 4.15 所示。

点击图 4.15 中"实测实验"及"载荷固定"模式设定键，进入"载荷固定"实验模式。

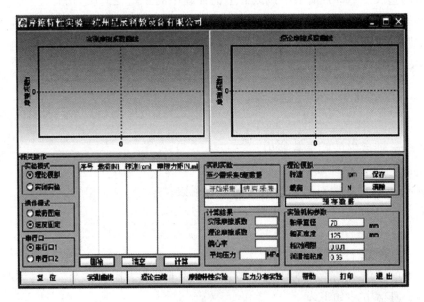

图 4.15　滑动轴承摩擦特性实验主界面

② 系统复位。

放松加载螺杆，确认载荷为空载，将电机调速电位器旋钮逆时针旋到底，即零转速。顺时针旋动轴瓦前上端的螺钉，顶起轴瓦将油膜放净，然后放松该螺钉，使轴瓦和轴充分接触。

点击"复位"键，计算机采集摩擦力矩传感器当前的输出值，并将此值作为"零点"保存。

③ 数据采集。

系统复位后，在转速为零状态下点击"数据采集"键，慢慢旋转实验台加载螺杆，观察数据采集显示窗口，设定载荷为 100～200 N。

慢慢转动电机调速电位器旋钮并观察数据采集窗口，此时轴瓦与轴处于边界润滑状态，摩擦力矩会出现较大增加值。由于边界润滑状态不会非常稳定，应及时点击"数据保存"键将这些数据保存（一般 2~3 个点即可）。

随着主轴转速增加，机油将进入轴与轴瓦之间，进入混合摩擦阶段。此时 $\eta n/p$ 的改变将引起摩擦系数 f 的急剧变化，在刚形成液体摩擦时，摩擦系数 f 达到最小值。

继续增加主轴转速进入液体摩擦阶段，随着 $\eta n/p$ 的增大，即 n 增加，油膜厚度及摩擦系数 f 也成线性增加，保存 8 个左右采样点，即完成数据采集。点击"结束采集"键完成数据采集。

④ 绘制测试曲线。

点击"实测曲线"键，计算机根据所测数据自动显示 f-n 曲线。也可由学生抄录测试数据手工描绘实验曲线。点击"理论曲线"键，计算机按理论计算公式计算并显示 f-n 曲线。

按"打印"功能键，可将所测试数据及曲线自动打印输出。

（2）转速固定，改变载荷。

① 确定实验模式。

操作同载荷固定改变转速模式一节，并在图 4.15 中设定为"转速固定"实验模式。

② 系统复位。

同上述操作。

③ 数据采集。

点击"数据采集"键，在轴承径向载荷为零状态下，慢慢转动调速电位器旋钮，观察数据采集显示窗口，设定转速为某一确定值，如 200 r/min，点击"数据保存"键得到第一组数据。

点击"数据采集"键，慢慢旋转加载螺杆并观察采集显示窗口。当载荷达到预定值时，点击"数据保存"键得到第二组数据。

反复进行上述操作，直至采集 8 组左右数据，点击"结束采集"键，完成数据采集。

④ 绘制测试曲线。

方法同上述方法，可显示或打印输出实测 f-F 曲线及理论 f-F 曲线。同样也可由学生手工绘制。

5. 注意事项

（1）在开电机转速之前请确认为空载，即要求先开转速再加载。

（2）在一次实验结束后马上又要重新开始实验时，请用轴瓦上端的螺栓旋入顶起轴瓦将油膜先放干净，同时在软件中重新复位，确保下次实验数据准确。

（3）由于油膜形成需要一段时间，所以在开机实验和在变化载荷或转速后，请待其稳定后（一般等待 5~10 s 即可）再采集数据。

（4）在长期使用过程中，请确保实验油的足量、清洁；油量不足或不干净，都会影响实验数据的精度，并会造成油压传感器堵塞等问题。

4.7　思考题

（1）为什么油膜压力曲线会随转速的改变而改变？

（2）为什么摩擦系数会随转速的改变而改变？

（3）哪些因素会引起滑动轴承摩擦系数测定的误差？

4.8　实验报告

滑动轴承实验报告

学生姓名		学　号		组　别	
实验日期		成　绩		指导教师	

1. 实验设备与实验条件

实验机型号：

实验条件：

实验轴承直径：$d =$

实验轴承长度：$l =$

润滑油牌号：

2. 实验数据记录

序号	$n/$（r/min）	W/N	压力表值/MPa								备注
			1	2	3	4	5	6	7	8	
1											
2											
3											
4											
5											
6											
7											
8											
9											
10											
11											
12											
13											
14											
15											
16											
17											
18											
19											
20											

3. 实验数据处理

（1）轴承周向油膜压力曲线与承载曲线。

轴承周向油膜压力曲线与承载曲线

（2）轴承摩擦特性曲线。

序号	$n/$（r/min）	W/N	$p/$（N/m^2）	$\eta/$Pa·s	$\lambda=\eta n/p$	$f=2LQ/Wd$
1						
2						
3						
4						
5						
6						
7						
8						
9						
10						
11						
12						
13						
14						
15						

注：n 为主轴转速；W 为工作载荷；p 为压力；η 为油的动力黏度；λ 为摩擦特性系数；f 为摩擦系数。

（3）绘制摩擦特性曲线图。

摩擦特性曲线

4. 思考题答案

5 轴系结构设计实验

5.1 概 述

在机构产品中，一切做回转运动的零件都要装在轴上，才能实现回转运动和传递动力。因此，轴是机械产品中的重要零件。轴系结构设计在机械设计中很重要，如何根据轴的回转要求，决定轴系组成及支撑解决方案；根据功能要求，决定轴系的总体组成结构，轴上零件的轴向定位、周向定位设计，是机械设计的重要环节。为了设计出合理的轴系，有必要熟悉常见的轴系结构。本实验通过学生自己动手，经过装配、调整、拆卸等全过程，不仅可以增强学生对轴系零部件结构的感性认识，还能帮助学生深入理解轴的结构设计、轴承组合结构设计的基本要领，达到提高设计能力和工程实践能力的目的。

5.2 相关理论知识点

5.2.1 轴的分类

按轴受的载荷和功用可将轴分为如下类型：

（1）心轴：只承受弯矩不承受扭矩的轴，主要用于支承回转零件，如机车车辆轴和滑轮轴。

（2）传动轴：只承受扭矩不承受弯矩或承受很小的弯矩的轴，主要用于传递转矩，如汽车的传动轴。

（3）转轴：同时承受弯矩和扭矩的轴，既支承零件又传递转矩，如减速器轴。

5.2.2 轴的材料

轴主要承受弯矩和扭矩。轴的失效形式是疲劳断裂，轴的材料应具有足够的强度、韧性和耐磨性。轴的材料可从以下材料中选取：

1. 碳素钢

优质碳素钢具有较好的机械性能，对应力集中敏感性较低，价格便宜，应用广泛，如 35、45、50 等优质碳素钢。一般轴采用 45 钢，经过调质或正火处理；有耐磨性要求的轴段，应进行表面淬火及低温回火处理。轻载或不重要的轴，使用普通碳素钢，如 Q235、Q275 等。

2. 合金钢

合金钢具有较高的机械性能，对应力集中比较敏感，淬火性较好，热处理变形小，价格较贵，多用于要求质量轻和轴颈耐磨性的轴。例如：汽轮发电机轴在高速、高温重载下工作，可采用 27Cr2Mo1V、38CrMoAlA 等；滑动轴承的高速轴，可采用 20Cr、20CrMnTi 等。

3. 球墨铸铁

球墨铸铁吸振性和耐磨性好，对应力集中敏感性低，价格低廉，使用铸造制成外形复杂的轴，如内燃机中的曲轴。

5.2.3 轴的结构设计

如图 5.1 所示为一齿轮减速器中的高速轴。轴上与轴承配合的部分称为轴颈，与传动零件配合的部分称为轴头，连接轴颈与轴头的非配合部分称为轴身，起定位作用的阶梯轴上截面变化的部分称为轴肩。

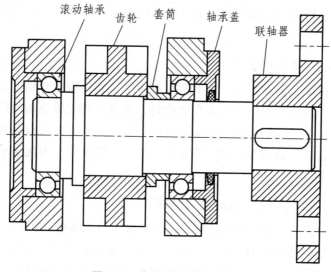

图 5.1 齿轮减速器高速轴

轴结构设计的基本要求有：

1. 便于轴上零件的装配

轴的结构外形主要取决于轴在箱体上的安装位置及形式、轴上零件的布置和固定方式、受力情况和加工工艺等。为了便于轴上零件的装拆，将轴制成阶梯轴，中间直径最大，向两端直径逐渐减小，近似为等强度轴。

2. 保证轴上零件的准确定位和可靠固定

（1）轴向定位的固定。

轴上零件的轴向定位方法主要有：轴肩定位、套筒定位、圆螺母定位、轴端挡圈定位和轴承端盖定位。

轴肩定位是最方便可靠的定位方法，但采用轴肩定位会使轴的直径加大，而且轴肩处由于轴径的突变而产生应力集中。因此，轴肩定位多用于轴向力较大的场合。定位套筒用于轴上两零件的距离较小，结构简单，定位可靠。圆螺母用于轴上两零件的距离较大，需要在轴上切制螺纹，对轴的强度影响较大。轴端挡圈与轴肩、圆锥面与轴端挡圈联合使用，常用于轴端起到双向固定。该方法装拆方便，多用于承受剧烈振动和冲击的场合。

（2）周向定位和固定。

轴上零件的周向固定是为了防止零件与轴发生相对转动。常用的固定方式有：键连接、过盈配合连接、圆锥销连接和成型连接。

键连接是通过键实现轴和轴上零件间的周向固定，以传递运动和转矩，具有结构简单、装拆方便、对中性好等优点。

过盈配合连接是利用轴和零件轮毂孔之间的配合过盈量来连接，能同时实现周向和轴向固定，结构简单，对中性好，对轴削弱小，装拆不便。

成型连接是利用非圆柱面与相同的轮毂孔配合，对中性好，工作可靠，但制造困难，应用较少。

3. 具有良好的制造和装配工艺性

轴可做成阶梯轴，便于装拆。轴上磨削和车螺纹的轴段应分别设有砂轮越程槽和螺纹退刀槽。轴上沿长度方向开有几个键槽时，应将键槽安排在轴的同一母线上。同一根轴上所有圆角半径和倒角的大小应尽可能一致，以减少刀具规格和换刀次数。为使轴上零件容易装拆，轴端和各轴段端部都应有 45°的倒角。为便于加工定位，轴的两端面上应做出中心孔。

4. 减小应力集中，改善轴的受力情况

轴大多在变应力下工作，结构设计时应尽量减少应力集中，以提高轴的疲劳强度。轴截面尺寸突变处会造成应力集中，所以对于阶梯轴，相邻两段轴径变化不宜过大，在轴径变化处的过渡圆角半径不宜过小。尽量不在轴面上切制螺纹和凹槽，以免引起应力集中，尽量使用圆盘铣刀。此外，提高轴的表面质量，降低表面粗糙度，采用表面碾压、喷丸和渗碳淬火等表面强化方法，均可提高轴的疲劳强度。

5.2.4 轴的设计计算

1. 按扭转强度计算

这种方法是只按轴所受的扭矩来计算轴的强度。如果还受不大的弯矩时，则采用降低许用扭转切应力的办法予以考虑，并且应根据轴的具体受载及应力情况，采取相应的计算方法，恰当地选取其许用应力。在进行轴的结构设计时，通常用该方法初步估算轴径。对于不太重要的轴，也可作为最后计算结果。轴的扭转强度条件如下：

强度条件：

$$\tau = \frac{T}{W_p} = \frac{9.55 \times 10^6 \dfrac{P}{n}}{0.2d^3} \leqslant [\tau] \quad \text{MPa} \tag{5.1}$$

设计公式:

$$d \geqslant \sqrt[3]{\frac{5 \times 9.55 \times 10^6 P}{[\tau]n}} = C\sqrt[3]{\frac{P}{n}} \quad \text{(mm)} \tag{5.2}$$

式中　$[\tau]$ —— 许用扭转剪应力，N/mm^2；

　　　C —— 由轴的材料和承载情况确定的常数。

2. 按弯扭合成强度计算

通过轴的结构设计，轴的主要结构尺寸、轴上零件的位置以及外载荷和支反力的作用位置均已确定，轴上的载荷（弯矩和扭矩）已可以求得，因而可按弯扭合成强度条件对轴进行强度校核计算。

对于钢制的轴，按第三强度理论，强度条件为

$$\sigma_e = \frac{M_e}{W} = \frac{\sqrt{M^2 + (\alpha T)^2}}{\dfrac{1}{32}\pi d^3} \approx \frac{\sqrt{M^2 + (\alpha T)^2}}{0.1d^3} \leqslant [\sigma_{-1}]_b \tag{5.3}$$

设计公式:

$$d \geqslant \sqrt[3]{\frac{M_e}{0.1[\sigma_{-1}]_b}} \quad \text{(mm)} \tag{5.4}$$

式中　σ_e —— 当量应力，MPa；

　　　d —— 轴的直径，mm；

　　　M_e —— 当量弯矩，$M_e = \sqrt{M^2 + (\alpha T)^2}$；

　　　M —— 危险截面的合成弯矩，$M = \sqrt{M_H^2 + M_V^2}$，其中 M_H 为水平面上的弯矩，

　　　　　　M_V 为垂直面上的弯矩；

　　　W —— 轴危险截面抗弯截面系数；

　　　α —— 将扭矩折算为等效弯矩的折算系数。

α 与扭矩变化情况有关:

$$\alpha = \begin{cases} \left.[\sigma_{-1}]_b \middle/ [\sigma_{-1}]_b\right. = 1 & \text{——扭矩对称循环变化} \\[2mm] \left.[\sigma_{-1}]_b \middle/ [\sigma_0]_b\right. \approx 0.6 & \text{——扭矩脉动循环变化} \\[2mm] \left.[\sigma_{-1}]_b \middle/ [\sigma_{+1}]_b\right. \approx 0.3 & \text{——不变的扭矩} \end{cases}$$

$[\sigma_{-1}]_b$，$[\sigma_0]_b$，$[\sigma_{+1}]_b$ 分别为对称循环、脉动循环及静应力状态下的许用弯曲应力。

3. 轴的刚度计算概念

轴在载荷作用下，将产生弯曲或扭转变形。若变形量超过允许的限度，就会影响轴

上零件的正常工作，甚至会丧失机器应有的工作性能。轴的弯曲刚度是以挠度 y 或偏转角 θ 以及扭转角 ϕ 来度量的，其值都小于等于轴的许用挠度、许用转角和许用扭转角。

4. 轴的设计步骤

设计轴的一般步骤如下：

① 选择轴的材料。根据轴的工作要求、加工工艺性、经济性，选择合适的材料和热处理工艺。

② 初步确定轴的直径。按扭转强度计算公式，计算出轴的最细部分的直径。

③ 轴的结构设计。

要求轴和轴上零件要有准确、牢固的工作位置；轴上零件装拆、调整方便；轴应具有良好的制造工艺性等；尽量避免应力集中。根据轴上零件的结构特点，首先要预定出主要零件的装配方向、顺序和相互关系，它是轴进行结构设计的基础，拟定装配方案，应先考虑几个方案，进行分析比较后再选优。原则是：轴的结构越简单越合理；装配越简单越合理。

5.3 实验目的

（1）熟悉并掌握轴系结构设计中有关轴的结构设计、轴承组合设计的基本方法。

（2）了解并掌握轴系结构的基本形式，熟悉轴、轴承和轴上零件的结构、功能和工艺要求。

（3）掌握轴系零部件的定位与固定、装配与调整、润滑与密封等方面的原理和方法。

5.4 实验设备和工具

5.4.1 实验设备和工具名称

（1）组合式轴系结构设计分析实验箱。

（2）测量工具。

300 mm 钢板尺、游标卡尺、内外卡钳、铅笔、三角板等（自备）。

（3）绘图工具。

铅笔、橡皮、三角尺等绘图工具（自备）。

5.4.2 实验设备介绍

下面介绍组合式轴系结构设计分析实验箱。实验箱提供能进行减速器组装的圆柱齿轮轴系、小圆锥齿轮轴系及蜗杆轴系结构设计实验的全套零件。该实验箱能够方便地组合 20 种以上的轴系结构方案，具有内容系统方案多样的特点。学生可以在实验老师的指导下，按图选取零件和标准件进行组装分析，也可以另行设计新的组装方案。该设备主要零件包括底板、轴承、垫圈、孔用弹性挡圈、轴用弹性挡圈、端盖、轴承座、齿轮、蜗杆、圆螺母、轴端挡圈、轴套、键、套杯、螺栓、螺钉、螺母等（见表 5.1）。

表 5.1 实验箱内零件明细表

序号	类别	零件名称	件数	序号	类别	零件名称	件数
1	齿轮类	小直齿轮	1	31	支座类	蜗杆用套环	1
2		小斜齿轮	1	32		直齿轮轴用支座（油用）	2
3		大直齿轮	1	33		直齿轮轴用支座（脂用）	2
4		大斜齿轮	1	34	轴承	锥齿轮轴用支座	1
5		小锥齿轮	1	35		蜗杆轴用支座	1
6	轴类	大直齿轮用轴	1	36		轴承 7206AC	2
7		小直齿轮用轴	1	37		轴承 30206	2
8		锥齿轮用轴	2	38		轴承 N206	2
9		锥齿轮轴	1	39		轴承 6206	2
10		固游式用蜗杆	1	40	连接件及其他	键 8×35	4
11		两端固定用蜗杆	1	41		键 6×20	4
12	联轴器	联轴器 A	2	42		圆螺母 M30×1.5	2
13		联轴器 B	1	43		圆螺母止动圈 φ30	2
14	轴承端盖类	凸缘式闷盖（脂用）	1	44		骨架油封 φ30×φ45×10	2
15		凸缘式透盖（脂用）	1	45		无骨架油封 φ30×φ55×12	1
16		大凸缘式闷盖	1	46		无骨架油封压盖	1
17		凸缘式闷盖（油用）	1	47		轴用弹性卡环 φ30	2
18		凸缘式透盖（油用）	4	48		羊毛毡圈 φ30	2
19		大凸缘式透盖	1	49		M8×15	4
20		嵌入式闷盖	1	50		M8×25	6
21		嵌入式透盖	2	51		M6×25	10
22		凸缘式透盖（迷宫）	1	52		M6×35	4
23		迷宫式轴套	1	53		M4×10	4
24	轴套类	甩油环（金属标准件）	6	54		φ6 垫圈	10
25		挡油环（金属标准件）	4	55		φ4 垫圈	4
26		套筒（金属标准件）	24	56		组装底座	2
27		调整环（金属标准件）	2	57		双头扳手 12×14	1
28		调整垫片	16	58		双头扳手 10×12	1
29		轴端压板	4	59		挡圈钳	1
30	支座类	锥齿轮轴用套环	2	60		3 寸起子	1

5.5 实验原理与方法

本实验的实验方法如下：

（1）指导老师根据表 5.2 选择性安排每组的实验内容（实验题号）。

表 5.2　实验内容

实验题号	已知条件				
	齿轮类型	载荷	转速	其他条件	示意图
1	小直齿轮	轻	低		
2		中	高		60　60　70
3	大直齿轮	中	低		
4		重	中		
5	小斜齿轮	轻	中		
6		中	高		60　60　70
7	大斜齿轮	中	中		
8		重	低		
9	小锥齿轮	轻	低	锥齿轮轴	
10		中	高	锥齿轮与轴分开	70　82　30
11	蜗杆	轻	低	发热量小	
12		重	中	发热量大	L

（2）进行轴的结构设计与滚动轴承装置的组合设计。

每组学生根据实验题号（如 1、3、5、8 等）的要求，进行轴系结构设计，解决轴承类型选择，轴上零件的固定和拆装，轴承间隙的调整、润滑与密封等问题。

（3）绘制轴承装置结构装配图。

（4）每人编写实验报告一份。

轴系设计参考如下：

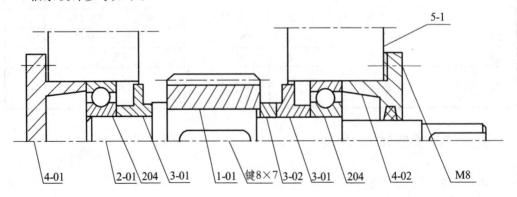

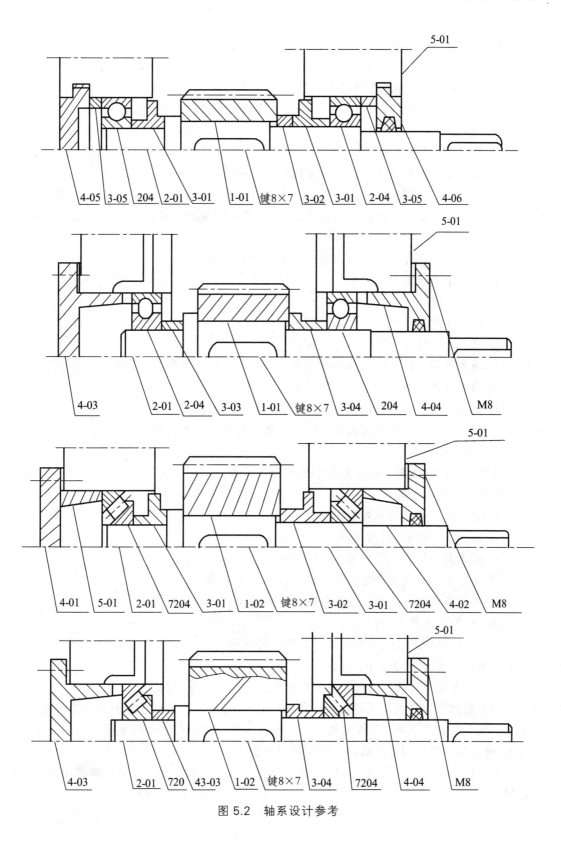

图 5.2 轴系设计参考

5.6 实验步骤

（1）明确实验内容，理解设计要求。

（2）复习有关轴承装置设计的内容与方法（参看教材有关章节）。

（3）构思轴系结构方案。

① 根据齿轮类型选择滚动轴承型号；

② 确定支承轴向固定方式（两端固定、一端固定一端游动）；

③ 根据齿轮圆周速度（高、中、低）确定轴承润滑方式（脂润滑、油润滑）；

④ 选择端盖形式（凸缘式、嵌入式），并考虑透盖处的密封方式（毡圈、皮碗、油沟）；

⑤ 考虑轴上零件的定位与固定、轴承间隙调整等问题；

⑥ 绘制轴系结构方案示意图。

分析轴系结构方案的合理性。分析时应考虑以下问题：

① 轴上各键槽是否在同一条母线上；

② 轴上各零件是否处于指定位置；

③ 轴上各零件的轴向、周向固定是否合理、可靠，如防松、轴承拆卸等；

④ 轴系能否实现回转运动，运动是否灵活；

⑤ 轴系沿轴线方向的位置是否确定，轴向力能否传到机座上；

⑥ 轴系的轴向位置是否需要调整，需要调整时，如何调整。

（4）组装轴系部件。

根据轴系结构方案，从实验箱中选取合适零件并组装成轴系部件，检查所设计组装的轴系结构是否正确。

① 轴上各零件能否装到指定位置；

② 轴上零件的轴向、周向是否可靠定位；

③ 轴承游隙是否需要调整，如何调整；

④ 轴系能否实现工作的回转运动，运动是否灵活；

⑤ 轴系沿轴线方向的位置是否固定，若固定，原因是什么。

（5）绘制轴承装置结构草图。

（6）在确认实际装配结构无误时，测绘各零件的实际尺寸（底板不测绘，轴承座只测量轴向宽度），并做好记录。

（7）将所有零件放入实验箱内的规定位置，交还所借工具。

（8）根据结构草图及测量数据，在3号图纸上用1∶1比例绘制轴系结构装配图，要求装配关系表达正确，注明必要尺寸（如支承跨距、齿轮直径与宽度、主要配合尺寸），对各零件进行编号，填写标题栏和明细表。

注意：因实验条件限制，本实验忽略过盈配合的松紧程度、轴肩过渡圆角及润滑等问题。

（9）写出实验报告。

5.7　思考题

（1）轴上各键槽是否在同一条母线上？

（2）轴上零件（如齿轮、轴承）的轴向、周向固定方式如何？

（3）轴系位置是否需要调整，如何调整？

（4）该轴系是如何考虑密封方式的？

5.8　实验报告

轴系结构设计实验报告

学生姓名		学　号		组　别	
实验日期		成　绩		指导教师	
1. 实验题号及已知条件 （1）实验题号 （2）已知条件					
2. 绘制轴系结构装配图					
3. 思考题答案					

6 螺栓组及单螺栓连接综合实验

6.1 概 述

一台机器由很多零部件连接成一个整体，螺纹连接是最常用的连接方式。螺纹连接是利用螺纹零件将若干个被连接件连接在一起的可拆卸连接方式。螺纹连接具有装拆方便、结构简单、工作可靠等优点。如何计算和测量螺栓受力情况及静、动态性能参数是工程技术人员面临的一个重要课题。本实验通过对一螺栓组及单个螺栓的受力分析，使学生掌握螺栓组载荷分布及其测试、静态测试相对刚度变化对螺栓总拉力的影响，以及动态测试相对刚度变化对螺栓应力幅值与动载荷幅值的影响。

6.2 相关理论知识点

螺纹有外螺纹与内螺纹之分，它们共同组成螺旋副。螺纹按工作性质分为连接用螺纹和传动用螺纹。连接用螺纹的当量摩擦角较大，有利于实现可靠连接；传动用螺纹的当量摩擦角较小，有利于提高传动的效率。

圆柱普通螺纹的主要参数如图 6.1 所示。

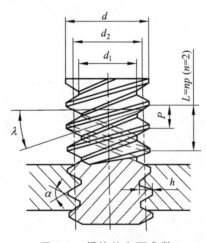

图 6.1 螺纹的主要参数

（1）大径 d。它是与外螺纹牙顶或内螺纹牙底相重合的假想圆柱的直径，一般定为螺纹的公称直径。

（2）小径 d_1。它是与外螺纹牙底或内螺纹牙顶相重合的假想圆柱的直径，一般取为外螺纹的危险剖面的计算直径。

（3）中径 d_2。它是一个假想圆柱的直径，该圆柱的母线通过牙型上沟槽和凸起宽度相等的地方。对于矩形螺纹，$d_2 = 0.5(d + d_1)$，其中 $d \approx 1.25 d_1$。

（4）螺距 P。相邻螺牙在中径线上对应两点间的轴向距离称为螺距 P。

（5）导程 L 和螺纹线数 n。导程是同一螺纹线上的相邻牙在中径线上对应两点间的轴向距离。如果螺纹线数为 n，则 $L = nP$。

（6）升角 λ。在中径圆柱上螺旋线的切线与垂直于螺纹轴线的平面间的夹角称为升角。

（7）牙型角 α。在轴向剖面内螺纹牙型两侧边的夹角称为牙型角。

螺纹连接的基本形式有以下几种：

（1）螺栓连接。螺栓连接是将螺栓穿过被连接件的孔（螺栓与孔之间留有间隙），然后拧紧螺母，即将被连接件连接起来。由于被连接件的孔无须切制螺纹，所以结构简单、装拆方便，应用广泛。铰制孔用螺栓一般用于利用螺栓杆承受横向载荷或固定被连接件相互位置的场合。这时，孔与螺栓杆之间没有间隙，常采用基孔制过渡配合。

（2）双头螺柱连接。这种连接是利用双头螺柱的一端旋紧在被连接件的螺纹孔中，另一端则穿过另一被连接件的孔，拧紧螺母后将被连接件连接起来。这种连接通常用于被连接件之一太厚不便穿孔、结构要求紧凑或须经常装拆的场合。

（3）螺钉连接。这种连接不需要螺母，将螺钉穿过被连接件的孔并旋入另一被连接件的螺纹孔中。它适用于被连接件之一太厚且不宜经常装拆的场合。

（4）紧定螺钉连接。这种连接利用紧定螺钉旋入一零件的螺纹孔中，并以末端顶住另一零件的表面或顶入该零件的凹坑中以固定两零件的相互位置。

螺纹连接的类型很多，在机械制造中常见的螺纹连接件的结构形式和尺寸都已经标准化，设计时可以根据有关标准选用。绝大多数螺纹连接在装配时需要拧紧，使连接在承受工作载荷之前，预先受到力的作用，这个预加的作用力称为预紧力。预紧的目的是为了增大连接的紧密性和可靠性。此外，适当地提高预紧力还能提高螺栓的疲劳强度。拧紧时，用扳手施加拧紧力矩 T，以克服螺纹副中的阻力矩 T_1 和螺母支承面上的摩擦阻力矩 T_2，故拧紧力矩 $T = T_1 + T_2$。

对于 M10 ~ M68 的粗牙普通螺纹，无润滑时拧紧力矩可取：

$$T \approx 0.2 F' d \tag{6.1}$$

式中　F' —— 预紧力，N；

　　　d —— 螺纹公称直径，mm。

为了保证预紧力 F' 不致过小或过大，可在拧紧过程中控制拧紧力矩 T 的大小，其方法有采用测力矩扳手或定力矩扳手，必要时可测定螺栓伸长量等。

螺栓连接强度计算的目的是根据强度条件确定螺栓直径，而螺栓和螺母的螺纹牙及其他各部分尺寸均按标准选定。螺栓连接的强度计算主要与连接的装配情况（预紧或不预紧）、外载荷的性质和材料性能等有关。

螺栓连接的受载形式很多，它所传递的载荷主要有两类：一类为外载荷沿螺栓轴线方向，称为轴向载荷；另一类为外载荷垂直于螺栓轴线方向，称为横向载荷。螺栓连接可分为不预紧的松连接和有预紧的紧连接。对于螺栓而言，当传递轴向载荷时，螺栓受的是轴向拉力，故称受拉螺栓。当传递横向载荷时，一种是采用普通螺栓，靠螺栓连接的预紧力使被连接件接合面间产生的摩擦力来传递横向载荷，此时螺栓所受的是预紧力，仍为轴向拉力；另一种是采用铰制孔用螺栓，螺杆与铰制孔是过渡配合，工作时靠螺杆受剪，杆壁与孔相互挤压来传递横向载荷，此时螺杆受剪，故称受剪螺栓。

6.2.1　普通螺栓的强度计算

静载荷作用下受拉螺栓常见的失效形式多为螺纹的塑性变形或断裂。实践表明，螺栓断裂多发生在开始传力的第一、第二圈旋合螺纹的牙根处，因其应力集中的影响较大。

在设计螺栓连接时，一般选用的都是标准螺纹零件，其各部分主要尺寸已按等强度条件在标准中作出规定，因此螺栓的强度计算主要是求出或校核螺纹危险剖面的尺寸，即螺纹小径 d_1。螺栓的其他尺寸及螺母的高度和垫圈的尺寸等，均按标准选定。

1．松螺栓连接的强度计算

松螺栓连接的特点是装配时不拧紧螺母，在承受工作载荷前，连接并不受力。这种连接只能承受静载荷，故应用不广。图 6.2 所示起重吊钩为松螺栓连接的实例。如已知螺杆所受最大拉力为 F，则螺纹部分的强度条件为

$$\sigma = \frac{F}{\pi d_1^2 / 4} \leqslant [\sigma] \tag{6.2}$$

式中　　d_1 —— 螺纹小径，mm；

　　　　F —— 螺栓承受的轴向工作载荷，N；

　　　　σ、$[\sigma]$ —— 松螺栓连接的拉应力和许用拉应力，N/mm²。

2．紧螺栓连接的强度计算

（1）只受预紧力作用的螺栓。

预紧力的计算：

图 6.3 所示为只受预紧力的紧螺栓连接。其中图 6.3（a）为受横向载荷作用的紧螺栓连接；图 6.3（b）为受转矩作用的紧螺栓连接。

这种连接的螺栓与被连接件的孔壁间有间隙。拧紧螺母后，依靠螺栓的预紧力 F' 使被连接件相互压紧，当被连接件受到横向工作载荷 R 作用时，由预紧力产生的接合面间的摩擦力，将抵抗横向力 R，从而阻止摩擦面间产生相对滑动。因此，这种连接正常工作的条件为被连接件彼此不产生

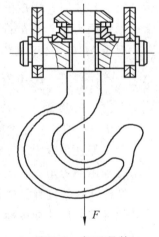

图 6.2　起重吊钩

相对滑动，即

$$F'zfm \geqslant CR \tag{6.3}$$

式中　f——被连接件接合面间的摩擦系数，钢或铸铁零件干燥表面取 $f = 0.10 \sim 0.16$；

　　　m——被连接件接合面的对数；

　　　z——连接螺栓的数目；

　　　C——连接的可靠性系数，通常取 $C = 1.1 \sim 1.3$。

图 6.3（b）所示受转矩作用的紧螺栓连接的预紧力按公式（6.3）计算时，应将转矩转化为横向载荷 R。

$$R = 2\,000T/D_0$$

式中　D_0——螺栓所分布圆周的直径，mm；

　　　T——传递的转矩，N·m。

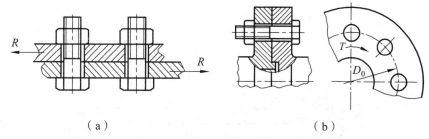

（a）　　　　　　　　　　　　　　　　（b）

图 6.3　只受预紧力的紧螺栓连接

螺栓的强度计算：

预紧螺栓连接在拧紧螺母时，螺栓杆除沿轴向受预紧力 F' 的拉伸作用外，还受螺纹力矩 T_1 的扭转作用。F' 和 T_1 将分别使螺纹部分产生拉应力 σ 及扭转剪应力 τ，因一般螺栓采用塑性材料，故可用第四强度理论求其相当应力。螺纹部分的强度条件为

$$\sigma = 1.3\frac{F'}{\pi d_1^2/4} \leqslant [\sigma] \tag{6.4}$$

式中　F'——螺栓承受的预紧力，N；

　　　d_1——螺纹小径，mm；

　　　σ、$[\sigma]$——紧螺栓连接的拉应力和许用拉应力，N/mm^2。

比较式（6.2）和（6.4）可知，考虑扭转剪应力的影响，相当于把螺栓的轴向拉力增大 30% 后按纯拉伸来计算螺栓的强度。

（2）受预紧力和轴向静工作拉力的螺栓连接。

这种连接比较常见，图 6.4 所示气缸盖螺栓连接就是典型的实例。由于螺栓和被连接件都是弹性体，在受有预紧力 F' 的基础上，因受到两者弹性变形的相互制约，故总拉力 F_0 并不等于预紧力 F' 与工作拉力 F 之和，它们的受力关系属静不定问题。根据静力平衡条件和变形协调条件，可求出各力之间的关系式。

$$F_0 = F' + \frac{c_1}{c_1 + c_2} F \qquad\qquad (6.5)$$

$$F' = F'' + \left(1 - \frac{c_1}{c_1 + c_2}\right) F \qquad\qquad (6.6)$$

式中 $c_1 / (c_1 + c_2)$ ——螺栓的相对刚度，其大小与连接的材料、结构形式、尺寸大小、载荷作用方式等有关，一般设计时对于钢制被连接件可取：金属垫（或无垫）0.2 ~ 0.3、皮革垫 0.7、铜皮石棉垫 0.8、橡胶垫 0.9；

$\qquad F'$ ——螺栓拧紧后所受的预紧力；

$\qquad F''$ ——螺栓受载变形后的剩余预紧力，应大于零，实际使用时一般取 $F_0 = F'' + F$，而 $F'' = KF$，具体为：当工作拉力 F 无变化时，取 $F'' = (0.2 ~ 0.6) F$，当 F 有变化时，取 $F'' = (0.6 ~ 1.0) F$，对要求紧密性的螺栓连接，取 $F'' = (1.5 ~ 1.8) F$。

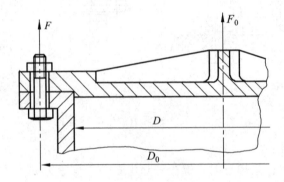

图 6.4　气缸盖连接螺栓受力情况

考虑到螺栓工作时可能被补充拧紧，在螺纹部分产生扭转剪应力，将总拉力 F_0 增大 30% 作为计算载荷。则受拉螺栓螺纹部分的强度条件为

$$\sigma = \frac{1.3 F_0}{\pi d_1^2 / 4} \leqslant [\sigma] \quad \text{或} \quad d_1 \geqslant \sqrt{\frac{1.3 F_0}{\pi [\sigma] / 4}} \qquad\qquad (6.7)$$

式中各符号意义同前。

对于受有预紧力 F' 及工作拉力 F 作用的螺栓连接，其设计步骤大致为：① 根据螺栓受载情况，求出单个螺栓所受的工作拉力 F；② 根据连接的工作要求，选定剩余预紧力 F''，并按式（6.5）求得所需的预紧力 F'；③ 按式（6.5）计算螺栓的总拉力 F_0；④ 按式（6.6）计算螺栓小径 d_1，查阅螺纹标准，确定螺纹公称直径 d。此外，若轴向载荷在 $0 ~ F$ 之间周期性变化，则螺栓的总载荷 F_0 将在 $F' ~ [F' + F c_1 / (c_1 + c_2)]$ 之间变化。受轴向变载荷螺栓的简化计算仍可按式（6.7）进行，但连接螺栓的许用应力 $[\sigma]$ 应另参考有关手册选取。

6.2.2 铰制孔用螺栓连接的强度计算

如图 6.5 所示，这种连接是将螺栓穿过与被连接件上的铰制孔并与之过渡配合。其受力形式为：在被连接件的接合面处螺栓杆受剪切；螺栓杆表面与孔壁之间受挤压。因此，应分别按挤压强度和抗剪强度计算。这种连接所受的预紧力很小，所以在计算中不考虑预紧力和螺纹摩擦力矩的影响。

螺栓杆与孔壁的挤压强度条件为

$$\sigma_p = \frac{F_S}{d_0 \delta} \leqslant [\sigma]_p \qquad (6.8)$$

螺栓杆的抗剪强度条件为

$$\tau = \frac{F_S}{m \pi d_0^2 / 4} \leqslant [\tau] \qquad (6.9)$$

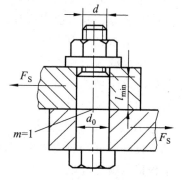

图 6.5　铰制螺纹孔受力情况

式中　　F_S ——单个螺栓所受的横向工作载荷，N；

δ ——螺栓杆与孔壁挤压面的最小高度，mm；

d_0 ——螺栓剪切面的直径，mm；

m ——螺栓受剪面数；

$[\sigma]_p$ ——螺栓或孔壁材料中较弱者的许用挤压应力，MPa；

$[\tau]$ ——螺栓材料的许用切应力，MPa。

不控制预紧力的紧螺栓连接中，安全系数 S 的选择与螺栓直径 d 有关，d 越小，S 越大，许用应力[s]也就越低。这是因为，如果不控制预紧力，螺栓直径越小，拧紧时螺杆因过载而损坏的可能性就越大。在设计时，因 d 未知，而 S 的选择与 d 有关，因此要用试算法，即根据经验，先假定一个螺栓直径，再根据这个直径查取 S，然后根据强度计算公式计算出 d_1 值，若 d_1 的计算值与所假定的直径相对应，则可将假定值作为设计结果，否则必须重算。

螺栓连接的强度主要取决于螺栓的强度。影响螺栓强度的因素很多，有结构、尺寸参数、装配工艺、材料、制造精度等级等。以下就几个主要方面逐一介绍。

（1）提高螺栓的疲劳强度。

理论和实践证明，变载荷工作时，在工作载荷和残余预紧力不变的情况下，减小螺栓刚度或增大被连接件刚度都能达到提高螺栓疲劳强度的目的，但应适当增大预紧力，以保证连接的密封性。

减小螺栓刚度的常用措施有：适当增加螺栓的长度、减小螺栓杆直径或做成中空的结构——柔性螺栓。柔性螺栓受力时变形大，吸收能量作用强，也适用于承受冲击和振动。在螺母下面安装弹性元件，当工作载荷由被连接件传来时，由于弹性元件的较大变形，也能起到柔性螺栓的效果。为了增大被连接件的刚度，不宜采用刚度较小的垫片。

（2）改善螺纹牙间的载荷分布。

采用普通螺母时，轴向载荷在旋合螺纹各圈之间的分布是不均匀的，从螺母支承面算起，第一圈受载最大，以后各圈递减。理论分析和实验证明，旋合圈数越多，载荷分布不均的程度就越显著，第 8 ~ 10 圈以后的螺纹几乎不受载荷。所以，采用圈数多的厚螺母，并不能提高连接强度。

（3）减轻应力集中。

螺纹的牙根和收尾、螺栓头部与螺栓杆交接处，都有应力集中，这些地方是产生断裂的危险部位；特别是在旋合螺纹的牙根处，由于螺栓杆拉伸，牙受弯剪，而且受力不均，情况更为严重。适当加大牙根圆角半径以减轻应力集中，可提高螺栓疲劳强度达 20% ~ 40%；在螺纹收尾处用退刀槽、在螺母承压面以内的螺栓杆有余留螺纹等，都有良好的减轻应力集中的效果。航空、航天器螺栓采用新发展的 MJ 螺栓，其主要结构特点就是牙根圆角半径增大。

高强度钢螺栓对应力集中敏感，但由于可用更大的预紧力拧紧和更高的极限强度，因此结果还是有利的。

（4）采用合理的制造工艺。

制造工艺对螺栓疲劳强度有很大影响。采用碾制螺纹时，由于冷作硬化的作用，表层有残余压应力，金属流线合理，螺栓疲劳强度可比车制螺纹高 30% ~ 40%；热处理后再滚压的效果更好。另外，碳氮共渗、渗氮、喷丸处理都能提高螺栓的疲劳强度。

6.3　实验目的

（1）螺栓组试验。

① 了解托架螺栓组受翻转力矩引起的载荷对各螺栓拉力的分布情况。

② 根据拉力分布情况确定托架底板旋转轴线的位置。

③ 将实验结果与螺栓组受力分布的理论计算结果相比较。

（2）单个螺栓静载试验。

了解受预紧轴向载荷螺栓连接中，零件相对刚度的变化对螺栓所受总拉力的影响。

（3）单个螺栓动载荷试验。

通过改变螺栓连接中零件的相对刚度，观察螺栓中动态应力幅值的变化。

6.4　实验设备和工具

6.4.1　实验设备名称

（1）螺栓组试验台。

（2）单螺栓试验台。

6.4.2　实验设备介绍

（1）螺栓组试验台结构与工作原理。

螺栓组试验台的结构如图 6.6 所示。图中 1 为托架，在实际使用中多为水平放置，为了避免由于自重产生力矩的影响，在本试验台上设计为垂直放置。托架以一组螺栓 3 连接于支架 2 上。加力杠杆组 4 包含两组杠杆，其臂长比均为 1∶10，则总杠杆比为 1∶100，可使加载砝码 6 产生的力放大到 100 倍后压在托架支承点上。螺栓组的受力与应变转换为粘贴在各螺栓中部应变片 8 的伸长量，用变化仪来测量。应变片在螺栓上相隔 180°粘贴两片，输出串接，以补偿螺栓受力弯曲引起的测量误差。引线由孔 7 中接出。

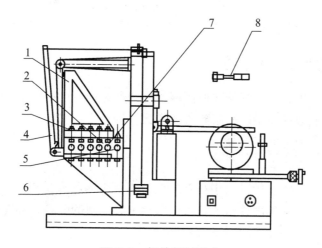

图 6.6　螺栓组试验台

1—托架；2—支架；3—螺栓；4—加力杠杆组；5—引线；
6—加载砝码；7—引线孔；8—应变片

加载后，托架螺栓组受到一横向力及力矩，与接合面上的摩擦阻力相平衡。而力矩则使托架有翻转趋势，使得各个螺栓受到大小不等的外界作用力。

（2）单螺栓试验台结构。

单螺栓试验台部件的结构如图 6.7 所示。旋动调整螺帽 1，通过支持螺杆 2 与加载杠杆 8，即可使吊耳 3 受拉力载荷，吊耳 3 下有垫片 4，改变垫片材料可以得到螺栓连接的不同相对刚度。吊耳 3 通过被试验单螺栓 5、紧固螺母 6 与机座 7 相连接。电机 9 的轴上装有偏心轮 10，当电机轴旋转时，由于偏心轮转动，通过杠杆使吊耳和被试验单螺栓上产生一个动态拉力。吊耳 3 与被试验单螺栓 5 上都贴有应变片，用于测量其应变大小。调节丝杆 12 可以改变小溜板的位置，从而改变动拉力的幅值。

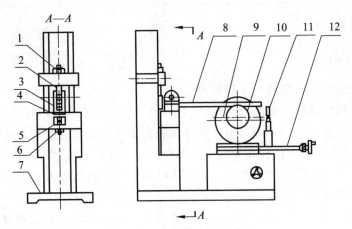

图 6.7　单个螺栓试验台

1—调整螺帽；2—支持螺杆；3—吊耳；4—垫片；5—螺栓；6—紧固螺母；7—机座；
8—加载杠杆；9—电机；10—偏心轮；11—顶杆；12—调节丝杆

6.5　实验原理和方法

螺栓组实验台中，根据螺栓变形协调条件，各螺栓所受拉力 F（或拉伸变形）与其中心线到托架底板翻转轴线的距离 L 成正比，即

$$\frac{F_1}{L_1} = \frac{F_2}{L_2} \qquad (6.10)$$

式中　F_1，F_2 ——安装螺栓处由于托架所受力矩而引起的力，N；

　　　L_1，L_2 ——从托架翻转轴线到相应螺栓中心线间的距离，mm。

本试验台中第 2、4、7、9 号螺栓下标为 1；第 1、5、6、10 号螺栓下标为 2；第 3、8 号螺栓距托架翻转轴线距离为零（$L=0$）。根据静力平衡条件得：

$$M = Qh_0 = \sum_{i=1}^{i=10} F_i L_i \qquad (6.11)$$

$$M = Qh_0 = 2 \times 2F_1 L_1 + 2 \times 2F_2 L_2 \qquad (6.12)$$

式中　Q ——托架受力点所受的力，N；

　　　h_0 ——托架受力点到接合面的距离，mm，如图 6.8 所示。

本实验中取 $Q = 3\,500$ N，$h_0 = 210$ mm，$L_1 = 30$ mm，$L_2 = 60$ mm。

则第 2、4、7、9 号螺栓的工作载荷为

$$F_1 = \frac{Qh_0 L_1}{2 \times 2(L_1^2 + L_2^2)} \qquad (6.13)$$

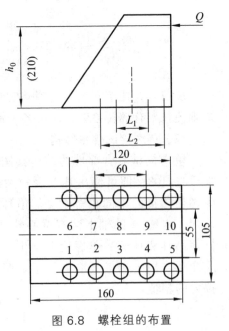

图 6.8　螺栓组的布置

第 1、5、6、10 号螺栓的工作载荷为

$$F_2 = \frac{Qh_0L_2}{2 \times 2(L_1^2 + L_2^2)} \tag{6.14}$$

（1）螺栓预紧力的确定。

本实验是在加载后不允许连接接合面分开的情况下来预紧和加载的。连接在预紧力的作用下，其接合面产生的挤压应力为

$$\sigma_0 = \frac{ZQ_0}{A} \tag{6.15}$$

悬臂梁在载荷力 Q 的作用下，在接合面上不出现间隙，则最小压应力为

$$\frac{ZQ_0}{A} - \frac{Qh_0}{W} \geqslant 0 \tag{6.16}$$

式中　Q_0 ——单个螺栓预紧力，N；

　　　Z ——螺栓个数，$Z=10$；

　　　A ——接合面面积，$A=a（b-c）$，mm²；

　　　W ——接合面抗弯截面模量。

$$W = \frac{a^2(b-c)}{b} \tag{6.17}$$

式中，$a=160$ mm；$b=105$ mm；$c=55$ mm。

因此：

$$Q_0 \geqslant \frac{6Qh_0}{Za} \tag{6.18}$$

为保证一定的安全性，取螺栓预紧力为

$$Q_0 = (1.25 \sim 1.5)\frac{6Qh_0}{Za} \tag{6.19}$$

下面分析螺栓的总拉力。在翻转轴线以左的各螺栓（4、5、9、10 号螺栓）被拉紧，轴向拉力增大，其总拉力为

$$Q_i = Q_0 + F_i + \frac{C_L}{C_L + C_F} \tag{6.20}$$

或

$$Q_i = (Q_i + F_0)\frac{C_L + C_F}{C_L} \tag{6.21}$$

在翻转轴线以右的各螺栓（1、2、6、7 号螺栓）被放松，轴向拉力减小，总拉力为

$$Q_i = Q_0 - F_1 \frac{C_L}{C_L + C_F} \tag{6.22}$$

或

$$F_i = (Q_0 - Q_i) \frac{C_L + C_F}{C_L} \tag{6.23}$$

式中　$\dfrac{C_L}{C_L + C_F}$ —— 螺栓的相对刚度；

　　　C_L —— 螺栓刚度；

　　　C_F —— 被连接件刚度。

螺栓上所受到的力是通过测量应变值而计算得到的，根据胡克定律：

$$\varepsilon = \frac{\sigma}{E} \tag{6.24}$$

式中　ε —— 应变量；

　　　σ —— 应力，MPa；

　　　E —— 材料的弹性模量，对于钢材，取 $E = 2.06 \times 10^5$ MPa。

则螺栓预紧后的应变量为

$$\varepsilon_0 = \frac{\sigma_0}{E} = \frac{4Q_0}{E\lambda d^2} \tag{6.25}$$

螺栓受载后总应变量为

$$\varepsilon_i \frac{E\lambda d^2}{4} \varepsilon_0 = K\varepsilon_0 \tag{6.26}$$

或

$$Q_i = \frac{E\lambda d^2}{4} \varepsilon_i = K\varepsilon_i \tag{6.27}$$

式中　d —— 被测处螺栓直径，mm；

　　　K —— 系数，$K = \dfrac{E\pi d^2}{4}$。

因此，可得到螺栓上的工作压力在翻转轴线以左的各螺栓（4、5、9、10 号螺栓）的工作拉力为

$$F_i = K \frac{C_L + C_F}{C_L} (\varepsilon_i - \varepsilon_0) \tag{6.28}$$

在翻转轴线以右的各螺栓（1、2、6、7 号螺栓）的工作拉力为

$$F_i = K \frac{C_L + C_F}{C_L} (\varepsilon_0 - \varepsilon_i) \tag{6.29}$$

（2）螺栓测量电桥结构及工作原理。

如图 6.9 所示，实验台每个螺栓上都贴有两片应变片 $R_{应}$（阻值为 120 Ω，灵敏度系数为 2.22）与两固定精密电阻 $R_{阻}$（阻值为 120 Ω），并组成一全桥结构的测量电路。

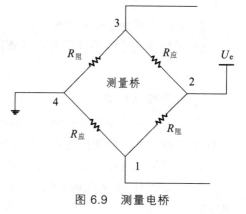

设当螺栓受力拉伸变形时，应变片阻值变化为 ΔR，则有

$$U_3 = \frac{R_{阻}}{R_{阻} + R_{应} + \Delta R} \cdot U_e$$

$$U_1 = \frac{R_{阻} + \Delta R}{R_{阻} + R_{应} + \Delta R} \cdot U_e$$

$$U_i = U_1 - U_3 = \frac{R_{应} + \Delta R - R_{阻}}{R_{阻} + R_{应} + \Delta R} \cdot U_e$$

图 6.9　测量电桥

式中，$R_{阻} = R_{应}$，且远大于 ΔR。

上式中 U_i 即为实验台被测螺栓全桥测量电路的输出压差值。

6.6　实验步骤

实验台试验螺栓测量电桥设计时考虑到每次做实验时间不会太长，在实验时间内环境湿度变化不大，故没有设置温度补偿片，在实验时只要保证测试系统足够的预热时间即可消除温度的影响。

（1）接应变仪：系统连接后打开电源，按所采用的应变仪要求先预热，再调平衡。

（2）接 LSC-Ⅱ型螺栓组及单螺栓综合实验仪：系统正确连接后打开实验仪电源，预热 5 min 以上，再进行校零等实验操作。

6.6.1　接动态应变仪实验步骤

1. 螺栓组实验

① 将各测量电阻应变片两端的引线接上预调平衡箱的输入端。

② 按规定调节电阻应变仪，电源接通后预热 3 min，毫安表应对"零"；旋转选择开关至"预"，反复调节平衡电阻与平衡电容，使毫安表对"零"；再将选择开关至"静"的位置，调节平衡电阻使毫安表对"零"，如此反复数次。

③ 由式（6.19）计算每个螺栓所需的预紧力 Q_0，并由公式（6.25）计算出螺栓的预紧应变量 ε_0。

④ 按式（6.13）、（6.14）计算每个螺栓的工作拉力 F_i，将结果填入实验报告中。

⑤ 逐个拧紧螺栓组中的螺母，使每个螺栓具有预紧应变量 ε_0，注意应使每个螺栓的预紧应变量 ε_0 尽量一致。

⑥ 对螺栓组连接进行加载，加载 3 500 N，其中砝码连同挂钩的重量为 3.754 kg。停歇两分钟后卸去载荷，然后再加上载荷，在应变仪上读出每个螺栓的应变量 ε_i，填入表中，反复做 3 次，取 3 次测量值的平均值为实验结果。

⑦ 画出实测的螺栓应力分布图。

⑧ 用机械设计中的计算理论计算出螺栓组连接的应变图，与实验结果进行对比分析。

2. 单个螺栓静载实验

① 实验台中的单个螺栓测验部件的结构如图 6.7 所示。在不做动载试验时，用顶杆 11 来支撑杠杆，以免压力压在电机轴上，旋转顶杆也可方便地加载。

② 预紧被试螺栓，预紧应变仍为 $\varepsilon_1 = 500\mu\varepsilon$。

③ 转动顶杆 11 来施加外载荷，使吊耳上的应变片（12 号线）产生 $\varepsilon' = 50\mu\varepsilon$ 的恒定应变。

④ 改变用不同弹性模量的材料的垫片，重复上述步骤，记录螺栓总应变 ε_0。

⑤ 用下式计算相对刚度 C_e，并作不同垫片结果的比较分析。

$$C_e = \frac{\varepsilon_0 - \varepsilon_i}{\varepsilon} \times \frac{A'}{A}$$

式中　A —— 吊耳测应变的截面面积，本实验 A 为 224 mm^2；

　　　A' —— 试验螺杆测应变的截面面积，本实验中 A' 为 50.3 mm^2。

3. 单个螺栓动载荷试验

① 安装钢制垫片。

② 将被试螺栓加上预紧力，预紧应变仍为 $\varepsilon_1 = 500\mu\varepsilon$（可通过 11 号线测量）。

③ 将加载偏心轮转到最低点，并调节调整螺母 1，使吊耳应变量 $\varepsilon' = 5 \sim 10\mu\varepsilon$（通过 12 号线测量）。

④ 开动小电机，驱动加载偏心轮。

⑤ 分别将 11 号线、12 号线信号接入示波器，从荧光屏上的波形线分别估计读出螺栓的应力幅值和动载荷幅值，也可用毫安表读出幅值。

⑥ 换上环氧垫片，移动电机位置以改变钢板比，调节动载荷大小，使动载荷幅值与用钢垫片时一致。

⑦ 再估计读出此时的螺栓应力幅值。

⑧ 做不同垫片下螺栓应力幅值与动载荷幅值关系的对比分析。

⑨ 松开各部分，卸去所有载荷。

⑩ 校验电阻应变仪的复零性。

根据实验记录数据，绘出螺栓组工作拉力分布图。确定螺栓连接翻转轴线位置。

6.6.2　接微机实验步骤

在进行实验时，首先将系统正确连接，即将螺栓实验台上 1 ～ 12 号信号输出线分别接入实验仪后板相应接线端子上，每路信号为 4 个接头，按黄、绿、黑、红从上至下连接。将计算机 RS232 串行口通过标准的通信线与实验仪背面的 RS232 接口连接。打开实验仪面板上的电源开关，接通电源，并启动计算机。

注意：应在可靠地连接好所有连线后再开启计算机及实验台电源，否则易损坏计算机。

启动螺栓实验应用程序进入程序主界面，如图 6.10 所示。

图 6.10　程序主界面

1. 螺栓组静载实验

点击"螺栓组平台"进入螺栓组静载实验界面，如图 6.11 所示。

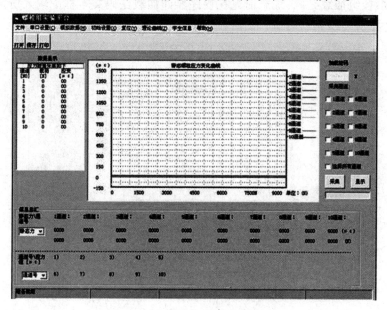

图 6.11　螺栓组静载实验界面

① 较零：松开螺栓组各螺栓。点击工具栏中初始设置 —— 较零。

点击"确定"，系统就会自动较零。较零完毕后点击退出，结束较零，如图 6.12 所示。

图 6.12　较零

② 给螺栓组加载预紧力：点击工具栏中初始设置 —— 加载预紧力，如图 6.13 所示。

图 6.13　加载预紧力

点击"确定"，此时用户可以用扳手给螺栓组加载预紧力（注：在加载预紧力时，应注意始终使实验台上托架处于正确位置，即使螺栓垂直托架与实验台底座平行），系统则自动采集螺栓组的受力数据并显示在数据窗口，用户可以通过数据显示窗口逐个调整螺栓的受力到 $500\mu\varepsilon_0$ 左右，加载预紧力完毕。

③ 给螺栓组加载砝码：加载前先在程序界面加载砝码文本框中输入所加载的砝码的大小并选择所要检测的通道，如图 6.14 所示。

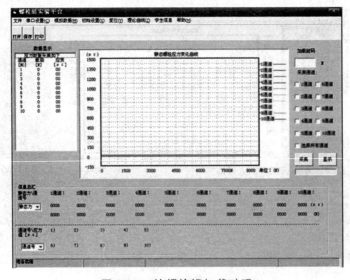

图 6.14　给螺栓组加载砝码

然后悬挂好所要加载的砝码，再点击"采集"，此时系统则会把加载砝码后的数据实时地采集上来，等到采集上来的数据稳定时点击停止按钮，这时系统停止采集，并将数据 B 图像显示在应用程序界面上，如图 6.15 所示。

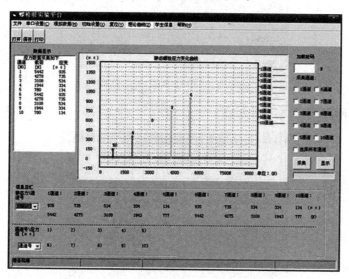

图 6.15　数据采集

2. 单螺栓静载实验

点击"单螺栓"进入单螺栓实验平台，如图 6.16 所示。

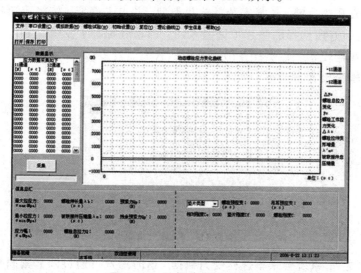

图 6.16　单螺栓实验界面

点击单螺栓实验主界面工具栏中螺栓试验，单螺栓试验包括标准参数设置、相对刚度测量及动载荷实验。

（1）标准参数设置（见图 6.17）。

如果更换设置中相应的器件，需修改其中的参数（一般不建议修改）。

图 6.17　螺栓参数计算公式

（2）相对刚度测量（见图 6.18）。

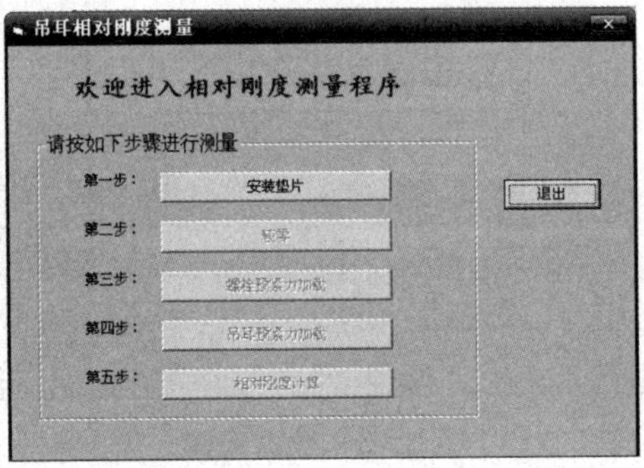

图 6.18　相对刚度

测量垫片的刚度，实验步骤如下：

① 点击安装垫片键。选择安装的垫片类型，并点击确定。按提示卸载单螺栓及吊耳螺栓杆并安装好所选择的垫片（见图 6.18，即松开螺母 1 及螺母 6）。

② 点击螺栓较零。在螺栓及吊耳都未加载力前较零。

③ 点击螺栓预紧力加载，如图 6.19 所示。

图 6.19　预紧力加载

点击"开始"，系统会采集螺栓受力数据，这时用户可通过调节紧固螺母 6 对螺栓加载外力，并根据采集的应变数据值来判断所加载的力是否已经满足条件，当应变数据达到 500 $\mu\varepsilon$ 左右时，点击"确定"表示加载完毕，系统自动保存数据并退出，用户可以进入下一步操作。

④ 点击吊耳较零。在卸载吊耳支撑螺杆状态下，按"确定"键，较零结束后退出。

⑤ 点击吊耳预紧力加载，如图 6.20 所示。

图 6.20　吊耳预紧力加载

点击"开始"，这时用户可通过旋转吊耳调整螺母 1（见图 6.7）对吊耳加载到提示值，按"确定"结束预紧力加载。

⑥ 点击相对刚度计算，如图 6.21 所示。

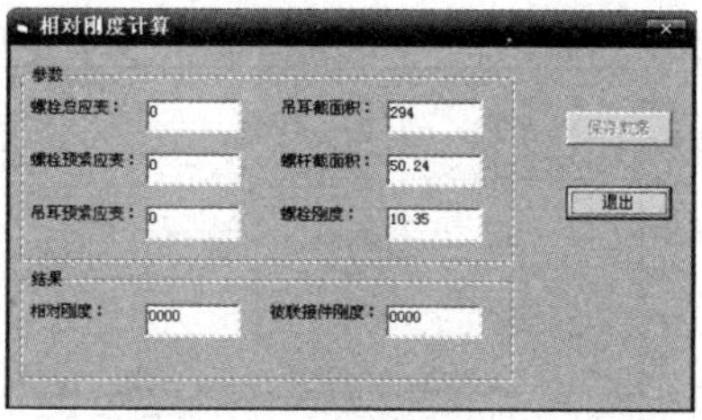

图 6.21　相对刚度计算

此操作会根据所采集的数据计算出相对刚度和被连接件刚度（垫片），用户可对计算的数据保存，如不保存直接按"退出"。

（3）动载荷实验。

首先旋转调节丝杆 12 摇手，移动小溜板至最外侧位置，并将加载偏心轮 10 转到最低点位置（见图 6.7）。

① 较零。点击单螺栓实验台主界面工具栏中初始设置，操作方法见"初始设置"中的较零。

② 加载螺栓预紧力。打开单螺栓实验台主界面工具栏中"螺栓试验"，点击动载荷试验中加载螺栓预紧力，如图 6.22 所示。

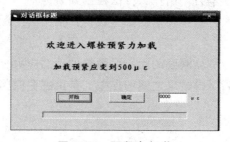

图 6.22　预紧力加载

点击"开始"，系统会采集螺栓受力数据，这时用户可以对螺栓加载外力，用户应慢慢拧紧紧固螺母 6（见图 6.7），对螺栓加载预紧外力，并根据采集的数据所显示的应变值来判断所加载的力是否已经满足条件（也可以通过看程序图形显示的变化），点击"确定"表示加载预紧力完毕，系统自动保存数据退出，用户可以进入下一步操作。

③ 数据采集。

点击动载荷试验中"启动"（启动功能与程序主界面的采集功能相同，用户也可按"采集"按钮），系统开始采集数据。这时请开启电机，旋动调整螺母 1（见图 6.7）对吊耳慢慢地加载外力即工作载荷（注：在开启电机前，吊耳调整螺母 1 应保持松弛状态），这时用户可以看到程序图形界面的波形变化，如图 6.23 所示。旋转调整螺母 1 的松紧程度（即工作载荷大小），用户可根据具体实验要求选择合适值。旋转调节丝杆 12 摇手移动小溜板位置，可微调螺栓动载荷变化。

注意：启动前请先在主界面正中下方选择当前设备使用的垫片类型。

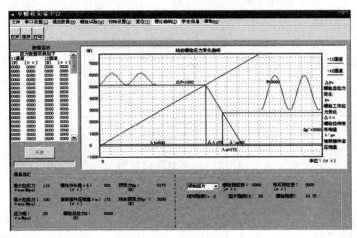

图 6.23 波形变化

6.7 思考题

（1）考察连接件刚度不同时对螺栓应力幅的影响，将两个套筒在预紧力相同的 F-λ 图线画在同一坐标系中进行分析比较。

（2）为什么要控制预紧力？用什么方法控制预紧力？

（3）判断实验中的螺栓组连接承受哪些载荷？指出哪个螺栓受力最大及所受哪些载荷？

（4）被连接件刚度与螺栓刚度的大小对螺栓的动态应力分布有何影响？

（5）理论计算和实验所得结果之间的误差，是由哪些原因引起的？

6.8 实验报告

螺栓组及单螺栓连接综合实验报告

学生姓名		学　　号		组　　别	
实验日期		成　　绩		指导教师	

1. 螺栓组实验

表1　计算法测定螺栓上的力

螺栓号数	1	2	3	4	5	6	7	8	9	10
螺栓预紧力 Q_0										
螺栓预紧应变量 $\varepsilon_0 \times 10^{-6}$										
螺栓工作拉力 F_0										

表2　实验法测定螺栓上的力

螺栓号数		1	2	3	4	5	6	7	8	9	10
螺栓总应变量	第一次测量										
	第二次测量										
	第三次测量										
	平均数										
换算得到的工作拉力 F_i											

绘制实测螺栓应力分布图

2. 单个螺栓静载实验

$\varepsilon_1=$ 　　　　　　　　　　　　　　　　　ε（吊耳）$=$

表 3　单个螺栓静载实验

垫片材料	钢片	环氧片	
ε_e			
相对刚度 C_e			

式中　A —— 吊耳上测应变片的截面面积，mm^2，$A=2b\delta$；

　　　b —— 吊耳截面宽度，mm；

　　　δ —— 吊耳截面厚度，mm；

　　　A' —— 试验螺栓测应变截面面积，mm^2，$A'=\pi d^2/4$；

　　　D —— 螺栓直径，mm。

3. 单个螺栓动载荷实验

表 4　单个螺栓动载荷实验

垫片材料		钢片	环氧片
ε_1			
动载荷幅值 /mV	示波器		
	毫伏表		
螺栓应力幅值 /mV	示波器		
	毫伏表		

4. 思考题答案

7 减速器拆装实验

7.1 概 述

由于减速器在机械和建筑等行业中应用比较广泛，所以机械专业的学生有必要了解减速器的用途、类型及结构等方面的内容。减速器是由封闭在箱体内的齿轮传动或蜗轮蜗杆等传动零件所组成的独立部件，常安装在原动机和工作机之间，用以降低输入轴的转速并相应地增加输出轴的转矩。其基本结构由箱体、轴系零件和附件三部分组成。学生通过减速器的拆装实验可以进一步了解和掌握各零部件的结构布置、加工工艺、密封方式、安装方法等内容。

7.2 相关理论知识点

减速器是原动机和工作机之间的独立封闭传动装置，用来降低转速和增大转矩，以满足各种工作机械的要求。

1. 减速器的类型

减速器根据不同的用途可分为 3 种类型：圆柱齿轮减速器、圆锥齿轮减速器、蜗轮蜗杆减速器，如图 7.1（a）、（b）、（c）所示。圆柱齿轮减速器按齿轮传动级数可分为单级、两级和多级。蜗轮蜗杆减速器又可分为蜗杆上置式和蜗杆下置式。蜗轮蜗杆减速器的主要特点是具有反向自锁功能，可以有较大的减速比，输入轴和输出轴不在同一轴线上，也不在同一平面上。但是螺轮蜗杆减速器一般体积较大，传动效率不高，精度不高。

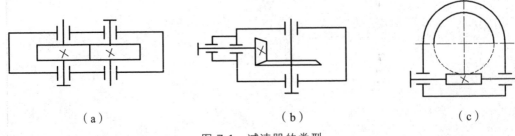

|（a）|（b）|（c）|

图 7.1 减速器的类型

两级或两级以上减速器的传动布置形式有展开式、分流式、同轴式三种，如图 7.2（a）、（b）、（c）所示。展开式用于载荷平稳的场合，分流式用于变载荷的场合，同轴式用于原动机与工作机同轴的特殊工作场合。

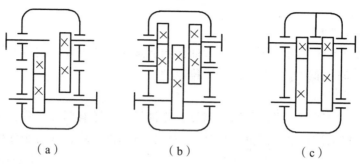

（a） （b） （c）

图 7.2 减速器传动布置形式

2. 减速器的箱体结构与附件

减速器结构如图 7.3 所示，各部分说明如下：

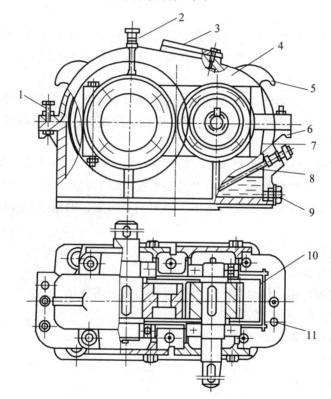

图 7.3 单级圆柱齿轮减速器结构图

1—螺钉；2—通气器；3—视孔盖；4—箱盖；5—吊耳；6—吊钩；7—箱座；
8—油标尺；9—油塞；10—油沟；11—定位销

（1）减速器箱体。

箱体是减速器的主要零件之一，为拆装方便，常使用剖分式结构，并用螺栓将箱座与箱盖连成整体。箱体通常采用灰口铸铁或铸钢铸造（实验用减速器为塑料），为了保证箱体的刚度，常在箱体外制有加强筋。为了便于拔模，箱体的凸台、加强筋等部位有一定的锥度。

（2）油塞（螺塞）。

设在箱座下侧面，用与换油、排除油污和清洗减速器内腔时放油。设计时必须保证箱座内底面高于油塞螺纹孔，以便于排尽油。

（3）油尺。

用与检查减速器内润滑油的油面高度，除油尺外，还有圆形、管状和长形油标，一般放在低速级油液位平稳之处。设计时应保证其高度适中，并防止油标与箱座边缘和吊钩干涉。

（4）窥视孔。

设在箱盖顶部，用来观察、检查齿轮的啮合和润滑情况，润滑油也由此孔注入。其大小视减速大小而定，一般应能保证将手伸入箱内进行操作检查和观察啮合处。

（5）通气孔。

减速器每工作一段时间后，温度会逐渐升高，这将引起箱内空气膨胀，油蒸气由该孔及时排出，使箱体内外压力一致，从而保证箱体密封不致被破坏。

（6）启盖螺钉。

因在箱盖与箱座连接凸缘的结合面上通常涂有密封胶，拆卸箱盖较困难。只要拧动此螺钉，就可以顶起箱盖。启盖螺钉下端应做成圆弧头，以免损坏箱座凸缘剖分面。

（7）定位销。

为保证箱体轴承座孔的镗制和装配精度，在加工时，要先将箱盖和箱座用两个圆锥销定位，并用连接螺栓紧固，然后再镗轴承孔。以后的安装中，也由销定位。通常采用两个销，在箱盖和箱座连接凸缘上，沿对角线布置，两销间距应尽量远些。

（9）吊钩。

用来吊运整台减速器，与箱座铸成一体。

（9）吊环螺钉或吊耳。

用螺纹与箱盖连接，仅供生产或拆装过程中搬运盖使用。

（10）止动垫圈与轴端挡圈。

使联轴器和轴端传动轮定位。

（11）轴承端盖。

密封，使轴承定位。

（12）挡油板（环）。

隔离润滑油与润滑脂。

（13）轴套（或套筒）。

保持轴承与齿轮的轴向相对位置。

（14）调整环。

调整轴向窜动量。

3．减速器的润滑和密封

减速器中的齿轮传动采用油池浸油润滑，滚动轴承采用润滑脂润滑。为了防止箱体内的润滑油进入轴承，应在轴承和齿轮之间设置封油环。轴伸出的轴承端盖孔内装有密封元件。

（1）减速器中齿轮与轴承的润滑，一般采用油池润滑（飞溅润滑），大齿轮的轮齿浸入油池中，靠它把润滑油带到啮合处进行润滑。

（2）减速器中的密封方式，可根据不同的工作条件和使用要求进行选择。

① 轴伸出端的密封。常用的有毡圈密封[见图 7.4（a）、（b）]和密封圈密封（见图 7.5）。

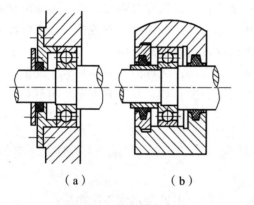
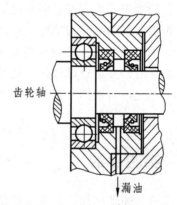

图 7.4 毡圈密封   图 7.5 密封圈密封

② 轴承靠箱体内侧的密封。挡油环适用于油润滑轴承，如图 7.6 所示；封油环适用于脂润滑轴承，如图 7.7 所示。

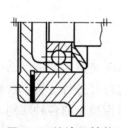
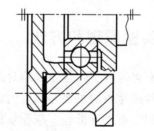

图 7.6 挡油环结构   图 7.7 封油环结构

③ 箱体结合面的密封，通常在装配时，在箱体结合面上涂密封胶或玻璃胶。

4．减速器的拆装注意事项

（1）清洗变速器外部的油泥和污物，注意保护前后的轴头。

（2）拧下放油螺塞，放净变速器中的润滑油，再拧好放油螺塞。

（3）将设备放在工作台上，利用拆卸工具和铜棒，开始拆卸减速器。拆卸顺序一般是：减速器盖、第一轴、第二轴、中间轴。

（4）拆卸零件时，先看好零件原始的方向和位置后再拆卸，必要时，做好记录；

拆下的零件按拆卸先后顺序，分部位摆放整齐，必要时可用线或铁丝将各零件按顺序串在一起；齿轮可按原方向和位置套在轴上，以防装错或漏装。

（5）拆卸的所有零件都应该清洗干净，并做相应检查，不能继续使用的应该予以更换；拆卸过的油封、密封垫一般不应该继续使用，而应该更换。

（6）装配前各轴承、油封、轴上的键槽、齿轮的内孔以及变速器箱体的轴承孔涂上齿轮油或机油，并将要更换的纸垫浸透机油。

（7）装配顺序与拆卸顺序相反，即后拆下的零件先装，使全部零件都安装到原来的位置上，安装过程中要常转动配合件，注意油封的方向且不得有破损。

（8）在安装减速器盖前，应检查场地有无漏装的零件，各轴及固定齿轮是否有轴向窜动，各处纸垫是否完好，各对啮合齿轮是否在全部齿宽内啮合；用手拨动滑动齿轮，看能否轴向移动到全齿宽啮合；用手转动第一轴，分别试一下各挡，都应能灵活平稳转动，无卡滞现象。按规定在变速箱体内加入适量的润滑油。

（9）装好后，要进行试运转，各挡应能灵活转动，无渗油、漏油和卡滞现象，在任何挡位下不允许有跳挡、乱挡现象，换挡时应轻便自如，不得有不正常响声和过热现象。

7.3　实验目的

（1）了解减速器的结构，各零件的名称、形状、用途及相互装配关系；
（2）观察齿轮和轴承的轴向及周向固定方式和安装顺序；
（3）了解减速器各附件的名称、结构、安装位置及作用；
（4）掌握高、低速齿轮侧向间隙的测量方法及轴向间隙的调整和测量方法。

7.4　实验原理和方法

在实验室首先由实验指导教师对几种不同类型的减速器现场进行结构分析、介绍，并对其中一种减速器的主要零部件的结构及加工工艺过程进行分析、讲解和介绍。然后再由学生们分组进行拆装，指导及辅导教师解答学生提出的各种问题。在拆装过程中，学生进一步观察了解减速器各零部件的结构、相互间配合的性质、零件的精度要求、定位尺寸、装配关系，齿轮、轴承的润滑、冷却方式，润滑系统的结构和布置，输出/输入轴与箱体间的密封装置，轴承工作间隙调整方法及结构等。

7.5　实验设备与工具

（1）各种类型的减速器，如单双级直齿、斜齿圆柱齿轮减速器、圆锥-圆柱齿轮减速器、蜗杆减速器等实物及各种类型减速器模型。
（2）游标卡尺、百分表及表架。

（3）活动扳手、手锤、铅丝、轴承拆卸器。

7.6 实验步骤

（1）观察减速器的外形和外部结构。

观察减速器的外形，用手来回推动减速器的输入/输出轴，体会轴向窜动；打开观察孔盖，转动高速轴，观察齿轮的啮合情况。注意观察孔开设的位置及尺寸大小，通气器的结构及特点，螺栓凸台位置（并注意扳手空间是否合理），轴承座加强筋的位置及结构，吊耳及吊钩的形式，减速器箱体的铸造工艺特点和加工方法。特别要注意观察箱体与轴承盖结合面的凸台结构。

（2）拆卸观察孔盖。

注意观察孔的位置及大小，观察孔盖上的通气孔及孔的位置。

（3）拆卸箱盖。

观察定位销孔的位置，取出定位销，再用扳手旋下箱盖上的有关螺钉，借助启盖螺钉将箱盖与箱体分离。利用起吊装置取下箱盖，并翻转 180°后在一旁放置平稳，以免损坏结合面。

① 拆卸轴承端盖紧固螺钉（嵌入式端盖无紧固螺钉）。

② 拆卸箱体与箱盖连接螺栓，起出定位销钉，然后拧动启盖螺钉，卸下箱盖。

③ 启盖螺钉的作用是什么？与普通螺钉结构有什么不同？

④ 如果在箱体、箱盖上不设计定位销钉，将会产生什么样的严重后果，为什么？

（4）观察减速器内部各零部件的结构和布置。

观察箱体内轴及轴系零件的结构、各零部件间的相互位置，分析传动零件所受的径向力和轴向力向机体基础传递的过程，并进行必要的测量，将测量结果记入实验报告的表格中，画出传动示意图。

（5）取出轴承压盖，将轴系部件取出并放在木板或胶皮上，详细观察轴系部件上齿轮、轴承、封油环等零件的结构，分析轴及轴上零件的轴向定位方法及轴上零件的周向定位方法；分析由于轴的热胀冷缩时轴承预紧力的调整方法和零件安装、拆卸方法。

（6）观察减速器润滑与密封结构装置，分析齿轮与轴承的润滑方法及轴承的密封方法；油槽及封油环、甩油环的应用；加油方式，放油塞、油面指示器的位置和结构。

（7）测量轴承轴向间隙。

了解轴承轴向间隙的测定与调整方法。先固定好百分表，用手推动轴至一端，然后再将轴推至另一端，百分表所指示出的测量值差即是轴向间隙的大小。

（8）测量高、低级齿轮的侧隙。

将一段铅丝插入齿轮间，转动齿轮碾压铅丝，铅丝变形后的厚度即是齿轮副侧隙的大小，用游标卡尺测量其值。

（9）计算传动比。

数出齿轮的齿数并计算分级传动比，分析传动方式、级数、输入/输出轴，并绘制传动简图。

（10）画轴系结构图。

任选一轴系，测量轴上零件，画出轴系结构图，并标注所测得的尺寸。

（11）装配。

① 检查有无零件及其他杂物留在箱体内，擦净箱体内部。将各传动轴部件装入箱体内。

② 将嵌入式端盖装入轴承压槽内，并用调整垫圈调整好轴承的工作间隙。

③ 将箱内各零件用棉纱擦净，并涂上机油防锈。再用手转动高速轴，观察有无零件干涉。无误后，经指导教师检查后合上箱盖。

④ 松开启盖螺钉，装上定位销，并打紧。装上螺栓、螺母用手逐一拧紧后，再用扳手分多次均匀拧紧。

⑤ 装好轴承小盖，观察所有附件是否都装好。用棉纱擦净减速器外部，放回原处，摆放整齐。

7.7　思考题

（1）本减速器的润滑及密封是怎样考虑的？箱体结合面是用什么方法密封的？

（2）测得的轴承轴向间隙如不符合技术要求时，应如何进行调整？

（3）减速器箱体上有哪些附件？各起什么作用？

7.8　实验报告

减速器拆装实验报告

学生姓名		学　号		组　别	
实验日期		成　绩		指导教师	
减速器名称					
型　号					
总减速比					
分级减速比					

1. 绘制减速器传动示意图

2. 绘制轴系部件结构图

3. 齿侧间隙 C_n	高速级：	mm
	低速级：	mm
4. 轴承轴向间隙	轴 I ：	mm
	轴 II ：	mm
	轴 III ：	mm

5. 思考题答案

8 机械传动系统性能参数测试与分析实验

8.1 概　述

机械传动系统是将原动机的动力传给工作机的中间装置，原动机通过传动系统驱动工作机工作。传动系统是机器的重要组成部分，其性能的好坏直接影响机器的性能。机械传动系统的性能主要由传动功率、转矩、转速、传动效率和寿命等来描述。本实验利用实验室提供的仪器设备，设计相应的实验方案，选用不同的机械传动装置，进行各种不同传动系统的搭建、安装调试和传动系统的各种性能测试，并分析系统传动性能，完成设计性实验、综合性实验或创新性实验。

8.2　相关理论知识点

1. 机械传动系统类型

常见的机械传动系统有带传动、齿轮传动、链传动、蜗轮蜗杆传动和轮系。

（1）带传动。

根据带的截面形状的不同，将带分为平带、V带和特殊带（多楔带、圆带等）等。带传动结构简单、传动平稳、能缓冲吸振、可在大的轴间距和多轴间传递动力，且其造价低廉、无须润滑、容易维护。但不能保证精确的传动比，传动效率较低。带传动主要用于传动平稳、传动比要求不严格的中小功率的较远距离传动场合。

（2）链传动。

链传动是在两个或以上的链轮之间用链作为挠性拉拽原件的一种啮合传动。与带传动相比，链传动的主要优点是：没有滑动；效率较高，$\eta \approx 98\%$；不需要很大的张紧力，作用在轴上的载荷较小；能在温度较高、湿度较大的环境中使用等。其主要缺点是：只能用于平行轴之间的传动；瞬时速度不均匀，高速运转时不如带传动平稳；不宜在载荷变化很大和急促反向的传动中应用；工作时有噪声等。链传动与齿轮传动相比，其主要特点是：制造和安装精度要求较低；中心距较大时，其传动结构简单；瞬时链速和瞬时传动比不是常数，传动平稳性较差。链传动除广泛用作定传动比的传动外，也能做成有级链式变速器和无级链式变速器。

（3）蜗杆传动。

蜗杆传动用于传递交错轴之间的回转运动。在绝大多数情况下，两轴在空间上是相互垂直的。蜗杆传动的主要优点是结构紧凑、工作平稳、无噪声、冲击振动小和能得到很大的单级传动比。其缺点是在制造精度和传动比相同的情况下，蜗杆传动的效率比齿轮传动低，此外，蜗杆一般需要用贵重的减摩材料（如青铜）制造。蜗杆传动广泛应用于机械及其相关的行业中，如用于汽车驱动桥传动，机床、汽车、拖拉机及其他机械中轴线相交的传动，轧钢机械、矿山机械、起重运输机械等。

（4）齿轮传动。

齿轮传动的适用范围很广，传递功率可达数万千瓦，单级传动比可达 8 或更大，因此在机器中应用很广。与其他机械传动相比，齿轮传动的优点是：工作可靠，使用寿命长；瞬时传动比为常数；传动效率高；结构紧凑；功率和适用范围很广等。其缺点是：齿轮制造需专用机床和设备，成本较高；精度低时，振动和噪声较大；不宜用于轴间距离较大的传动等。齿轮传动的类型较多，按照两齿轮传动时的相对运动为平面运动或空间运动，可将其分为平面齿轮传动和空间齿轮传动两大类。

（5）轮系。

由一系列齿轮组成的传动系统统称为轮系。轮系广泛应用于各种机械设备中。轮系分为定轴轮系和周转轮系两种类型。轮系的主要特点是：适用于相距较远的两轴之间的传动；可作为变速器实现变速传动；可获得较大的传动比；实现运动的合成与分解。

2. 机械传动的基本参数

传动比：

$$i = n_1/n_2 \tag{8.1}$$

效率：

$$\eta = P_{输出}/P_{输入} \tag{8.2}$$

$$\eta_{总} = \eta_1\eta_2\eta_3\cdots\eta_k \tag{8.3}$$

功率：

$$P_{转动} = Tn/9\,550 \;(\text{kW}) \tag{8.4}$$

$$P_{移动} = Fv/1\,000 \;(\text{kW}) \tag{8.5}$$

转矩：

$$T = 9\,550N/n \;(\text{N}\cdot\text{m}) \tag{8.6}$$

3. 机械传动方案选择原则

选择传动类型的基本原则如下：

（1）合理选择传动类型。

① 大功率、高速和长期使用的机械，应选用承载能力大、效率高、传动平稳的齿轮传动等传动形式。

② 中小功率、速度较低、传动比较大的机械，可采用蜗杆传动，齿轮传动，带、链与齿轮组合传动等。

③ 工作环境恶劣或要求保持环境整洁时宜采用闭式传动。

④ 相交轴间的传动，可用圆锥齿轮传动；交错轴间的传动，可采用蜗杆传动等。

（2）传动链尽量简短，机构尽可能简单。

（3）合理分布各级传动或机构。

（4）合理分配传动比。

（5）考虑安全性、经济性等要求。

8.3 实验目的

（1）通过测试常见机械传动装置（如带传动、链传动、齿轮传动、蜗杆传动等）在传递运动与动力过程中的参数曲线（速度曲线、转矩曲线、传动比曲线、功率曲线及效率曲线等），加深对常见机械传动性能的认识和理解。

（2）通过测试由常见机械传动组成的不同传动系统的参数曲线，掌握机械传动合理布置的基本要求。

（3）通过实验认识智能化机械传动性能综合测试实验台的工作原理，掌握计算机辅助实验的新方法，培养进行设计性实验与创新性实验的能力。

8.4 实验设备和工具

本实验在"机械传动性能综合测试实验台"上进行。实验台各硬件组成部件的结构布局如图 8.1 所示。本实验台采用模块化结构，由不同种类的机械传动装置、联轴器、变频电机、加载装置和工控机等模块组成，学生可以根据选择或设计的实验类型、方案和内容，自己动手进行传动连接、安装调试和测试，进行设计性实验、综合性实验或创新性实验。通过组合搭配，可以构成链传动实验台（见图 8.2）、三角带传动实验台、同步带传动实验台、齿轮传动实验台（见图 8.3）、蜗轮蜗杆传动实验台（见图8.4）、齿轮-链传动实验台（见图 8.5）、带-齿轮传动实验台、链-齿轮传动实验台（见图 8.6）、带-链传动实验台（见图 8.7）等多种单级典型机械传动及两级组合机械传动性能综合测试实验台。

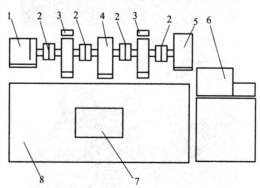

图 8.1　实验台的结构布局

1—变频调速电机；2—联轴器；3—转矩转速传感器；4—试件；5—加载与制动装置；
6—工控机；7—电器控制柜；8—台座

图 8.2　链传动实验台

图 8.3　齿轮传动实验台

图 8.4　蜗轮蜗杆传动实验台

图 8.5　齿轮-链传动实验台

图 8.6 链–齿轮传动实验台

图 8.7 带–链传动实验台

实验台组成部件的主要技术参数如表 8.1 所示。

表 8.1 实验台主要技术参数

序号	组成部件	技术参数
1	变频调速电机	额定功率 0.55 kW；同步转速 1 500 r/min；输入电压 380 V
2	ZJ 型转矩转速传感器	ZJ10 型转矩转速传感器：额定转矩 10 N·m；转速范围 0 ~ 6 000 r/min。 ZJ50 型转矩转速传感器：额定转矩 50 N·m；转速范围 0 ~ 5 000 r/min
3	机械传动装置（试件）	直齿圆柱齿轮减速器：减速比 1:5；齿数 $z_1=19$，$z_2=95$；法向模数 1.5；中心距 85.5 mm。 摆线针轮减速器：减速比 1:9。 蜗轮减速器：减速比 1:10；蜗杆头数 $z_1=1$；中心距 5 mm。 同步带传动：带轮齿数 $z_1=18$，$z_2=25$；节距 9.52 mm；L 形同步带 3 mm×14 mm×80 mm，3 mm×14 mm×95 mm。 三角带传动：带轮基准直径 $D_1=70$ mm，$D_2=115$ mm，O 形带 $L_内=900$ mm；带轮基准直径 $D_1=76$ mm，$D_2=145$ mm，O 形带 $L_内=900$ mm；带轮基准直径 $D_1=70$ mm，$D_2=88$ mm，

表 8.1　实验台主要技术参数

序号	组成部件	技术参数
3	机械传动装置（试件）	O 形带 $L_{内}$=630 mm。 链传动：链轮 z_1=17，z_2=25。 滚子链 08A-1×72。 滚子链 08A-1×52。 滚子链 08A-1×66
4	磁粉制动器	额定转矩：50 N·m； 激磁电流：0～2 A； 允许滑差功率：1.1 kW

　　机械传动性能综合测试实验台采用自动控制测试技术设计，所有电机程控起停，转速程控调节，负载程控调节，用扭矩测量卡替代扭矩测量仪，整台设备能够自动进行数据采集处理，自动输出实验结果，是高度智能化的产品。

8.5　实验原理与方法

　　机械传动性能综合测试实验台由种类齐全的机械传动装置、联轴器动力输出装置、加载装置、控制及测试软件、工控机等组成，其工作原理系统图如图 8.8 所示。

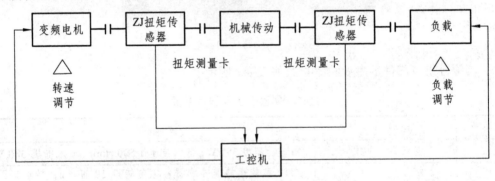

图 8.8　实验台的工作原理

　　实验台通过对某种机械传动装置或传动方案性能参数曲线的测试，来分析机械传动的性能特点，利用实验台的自动控制测试技术，能自动测试出机械传动的性能参数，如转速 n（r/min）、扭矩 M（N·m）、功率 N（kW），并按照公式（8.1）～（8.6）之间的关系自动绘制参数曲线，根据参数曲线可以对被测机械传动装置或传动系统的传动性能进行分析。

　　运用"机械传动性能综合测试实验台"能完成多类实验项目（见表 8.2），教师可根据专业特点和实验教学改革需要指定，也可以让学生自主选择或设计实验类型与实验内容。

表 8.2　实验项目类别

类型编号	实验项目名称	被测试件	项目适用对象	备　注
A	典型机械传动装置性能测试实验	在带传动、链传动、齿轮传动、摆线针轮传动（新增）、蜗杆传动等中选择	专科、本科	
B	组合传动系统布置优化实验	由典型机械传动装置按设计思路组合	本科	部分被测试件由教师提供，或另购拓展性实验设备
C	新型机械传动性能测试实验	新开发研制的机械传动装置	研究生	被测试件由教师提供，或另购拓展性实验设备

　　无论选择哪类实验，其基本内容都是通过对某种机械传动装置或传动方案性能参数曲线的测试，来分析机械传动的性能特点。

8.6　实验步骤

　　（1）确定实验类型与实验内容。

　　选择实验 A（典型机械传动装置性能测试实验）时，可从 V 带传动、同步带传动、套筒滚子链传动、圆柱齿轮减速器、蜗杆减速器中选择 1~2 种进行传动性能测试实验。

　　选择实验 B（组合传动系统布置优化实验）时，则要确定选用的典型机械传动装置及其组合布置方案，并进行方案比较实验，如表 8.3 所示。

表 8.3　实验方案

编　号	组合布置方案 a	组合布置方案 b
实验内容 B1	V 带传动-齿轮减速器	齿轮减速器-V 带传动
实验内容 B2	同步带传动-齿轮减速器	齿轮减速器-同步带传动
实验内容 B3	链传动-齿轮减速器	齿轮减速器-链传动
实验内容 B4	带传动-蜗杆减速器	蜗杆减速器-带传动
实验内容 B5	链传动-蜗杆减速器	蜗杆减速器-链传动
实验内容 B6	V 带传动-链传动	链传动-V 带传动
实验内容 B7	V 带传动-摆线针轮减速器	摆线针轮减速器-V 带传动
实验内容 B8	链传动-摆线针轮减速器	摆线针轮减速器-链传动

　　选择实验 C（新型机械传动性能测试实验）时，首先要了解被测机械的功能与结构特点。

　　（2）搭接实验装置前，应仔细阅读本实验台的使用说明书，熟悉各主要设备的性能、参数及使用方法，正确使用仪器设备及测试软件。搭接实验装置时，由于电动机、被测传动装置、传感器、加载器的中心高均不一致，组装、搭接时应选择合适的垫板、支承板、联轴器，调整好设备的安装精度，以使测量的数据精确。

各主要搭接件中心高及轴径尺寸如下：

变频电机中心高 80 mm，轴径ϕ19 mm；

ZJ10 转矩转速传感器中心高 60 mm，轴径ϕ14 mm；

ZJ50 转矩转速传感器中心高 70 mm，轴径ϕ25 mm；

FZ-5 磁粉制动器法兰式轴径ϕ25 mm；

WPA50-1/10 蜗轮减速器输入轴中心高 120 mm，轴径ϕ12 mm；输出轴中心高 120 mm，轴径ϕ17 mm；

齿轮减速箱中心高 120 mm，轴径ϕ18 mm，中心距 85.5 mm；

摆线针轮减速箱中心高 120 mm，轴径ϕ20 mm 或ϕ35 mm；

轴承支承中心高 120 mm，轴径（a）ϕ18 mm，轴径（b）ϕ14 mm、ϕ18 mm；

（3）在有带、链传动的实验装置中，为防止压轴力直接作用在传感器上，影响传感器测试精度，一定要安装本实验台的专用轴承支承座。

（4）在搭接好实验装置后，用手驱动电机轴，如果装置运转自如，即可接通电源，开启电源进入实验操作。否则，重调各连接轴的中心高、同轴度，以免损坏转矩转速传感器。

（5）实验数据测试前，应对测试设备进行参数设置与调零，以保证测量精度，其具体步骤如下：

① 参数设置。

a. 打开工控机，双击桌面的快捷方式"Test"进入软件运行界面。

b. 按下控制台电源按钮，在控制台上选择"自动"，按下主电机按钮。

c. 下拉菜单 C 设置部分。

在报警参数对话框内，对第一报警参数、第二报警参数可不必理睬，定时记录数据可设置为零或大于 10 min，即采用手动记录数据、不用定时记录数据。采样周期为1 000 ms 即可。

在可供显示的参数对话框内，可供显示的参数已经打钩，故此对话框可不理睬（可供显示的参数也就是显示面板上所能显示的参数）。

在设置扭矩传感器常数框内，用户根据输入端扭矩传感器和输出端扭矩传感器铭牌上的标识，正确填写对话框内系数、扭矩量程和齿数，框内的小电机转速和扭矩零点可暂不填入。

对于 C 设置部分的配置流量传感器串口参数与设定压力温度等传感器参数两对话框，如果本实验台不能做压力、温度、流量等方面的测试,则可不理睬。

d.下拉菜单 A 分析部分。

在绘制曲线的对话框内：Y 轴坐标名称可任意选择一种、两种或全选，但局限于可供显示的那几种试验参数。其余 X 轴坐标名称先设置为 t，曲线拟合法先设置为折线法，x、y 坐标值先设置为自动，待正式测试时根据需要再作适当调整。准确完成以上步骤、参数设置即完成。

② 调零。

a. 点击主界面下拉菜单中的 T 试验部分，启动输入端扭矩传感器和输出端扭矩传感器上部的小电机，此时显示面板上 n_1 和 n_2 应分别显示小电机的转速，M_1 和 M_2 应分别显示传感器扭矩量程（M_1 一般为 $10\,\text{N·m} \pm 3\,\text{N·m}$、$M_2$ 一般为 $50\,\text{N·m} \pm 10\,\text{N·m}$）。然后点动电机控制操作面板上的电机转速调节框，调节主电机转速，如果此时小电机和主轴旋转方向相反、转速叠加，说明小电机旋转方向正确，可进行下一步骤。如果此时显示面板上 n_1 和 n_2 数值减小（可能 n_1 数值减小，可能 n_2 数值减小，也可能 n_1 和 n_2 数值均减小），则要重新调整小电机旋向，直至两小电机转速均与主轴转速叠加为止。

b. 小电机旋向正确后，将主轴转速回调至零，然后再次点击下拉菜单 C 设置部分选择 T，系统再次弹出"设置扭矩转速传感器参数"对话框，此时只需分别按下输入端和输出端调零框右边的钥匙状按钮，便可自动调零，存盘后返回主界面，调零结束。

（6）接好实验装置，正确调零后，其自动操作和手动操作程序简述如下：

自动操作：

① 打开工控机，双击桌面的快捷方式"Test"进入软件运行界面。

② 按下控制台电源按钮，在控制台上选择"自动"，按下主电机按钮（如调零后未关机而直接进行自动操作，以上两项可免）。

③ 在主界面被测参数数据库内填入实验类型、实验编号、小组编号、指导老师、实验人员等。切记，实验编号必须填写，其他可填可不填，然后"装入"，即按动数据操作面板中被测参数装入按钮。

④ 通过软件运行界面电机转速调节框调节电机速度。

⑤ 通过电机负载调节框缓慢加载，待显示面板上数据稳定后按动手动记录按钮记录数据，加载及手动记录数据的次数则视实验本身的需要而定。

⑥ 卸载后打印出数据和曲线图。

⑦ 关机。

手动操作：

① 打开工控机，双击桌面的快捷方式"Test"进入软件运行界面。

② 按下控制台电源按钮，接通电源，同时选择"手动"，按下主电机按钮。

③ 在主界面被测参数数据库内填入实验类型、实验编号、小组编号、指导老师、实验人员等。切记，实验编号必须填写，其他可填可不填、然后"装入"，即按动数据操作面板中被测参数装入按钮。

④ 通过软件运行界面电机转速调节框调节电机速度。

⑤ 通过转动控制台电流粗调、电流微调缓慢加载，待显示面板上数据稳定后按动手动记录按钮记录数据。加载及手动记录数据的次数则视实验本身的需要而定。

⑥ 卸载后打印出数据和曲线图。

⑦ 关机。

（7）注意事项。

① 坚持安全第一的原则。装配机械零部件时一定要戴棉纱手套；开机运行前要仔细检查各部件安装是否到位、连接螺栓是否拧紧；开机后，不要太靠近运动零件。

② 用可调电源加载时，要循序渐进，不要加载过猛、过大。

③ 为安全起见，链轮链条传动只能用于低速端。

8.7　思考题

（1）在由带传动和齿轮传动等组成的组合传动中，如何布置比较合理，为什么？

（2）机械传动装置的效率与所传递的功率大小有没有关系？

（3）为什么在测试转矩之前需要对转矩转速传感器进行调零？

8.8　实验报告

机械传动方案设计及性能测试分析实验报告

学生姓名		学　号		组　别	
实验日期		成　绩		指导教师	

1. 绘出需测试的传动方案组合布置示意图。

2. 实验结果

（1）实验数据记录。

方　案	传动方案 1	传动方案 2
转速 n_1		
转速 n_2		
扭矩 $M_1/\text{N} \cdot \text{m}$		
扭矩 $M_2/\text{N} \cdot \text{m}$		
功率 N_1/kW		
功率 N_2/kW		
传动效率 η		

（2）传动效率曲线图。

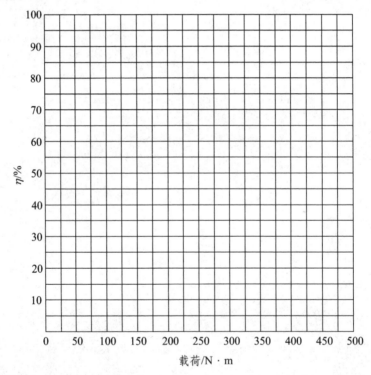

（3）分析传动效率与载荷的关系。

3. 思考题答案

参考文献

[1]　翟之平. 机械原理与机械设计实验[M]. 北京：机械工业出版社，2017.

[2]　刘文光，贺红林. 机械原理与设计综合实验教程[M]. 杭州：浙江大学出版社，2014.